普通高等学校"十一五"规划教材

自动控制原理实验教程

郑 勇　徐继宁　胡敦利　李艳杰　编著

国防工业出版社

·北京·

内 容 简 介

本书密切配合"自动控制原理"课程的理论教学,结合现代先进的实验教学方法,精心设计了 16 个控制理论实验及 2 个课程设计,内容兼顾经典控制理论和现代控制理论。每个实验都尽量提供了分立元件电路模拟和 MATLAB 软件仿真等多种实现方法。为方便读者,各实验前均有相关理论的知识点小结,可以帮助读者加强对实验过程的理解,提高分析解决问题的能力。

本书可作为高等学校自动化、电气类、机电类各专业自动控制原理实验的指导书,也可作为其他相关理工科学生和工程技术人员的实践参考书。

图书在版编目(CIP)数据

自动控制原理实验教程/郑勇等编著. —北京:国防工业出版社,2010.6
普通高等学校"十一五"规划教材
ISBN 978-7-118-06760-6

Ⅰ.①自… Ⅱ.①郑… Ⅲ.①自动控制理论 – 高等学校 – 教材②自动控制 – 实验 – 高等学校 – 教材
Ⅳ.①TP13

中国版本图书馆 CIP 数据核字(2010)第 072464 号

※

*国防工业出版社*出版发行
(北京市海淀区紫竹院南路 23 号 邮政编码 100048)
北京市李史山胶印厂
新华书店经售
*
开本 787×1092 1/16 印张 12¼ 字数 306 千字
2010 年 6 月第 1 版第 1 次印刷 印数 1—4000 册 定价 24.00 元

(本书如有印装错误,我社负责调换)

国防书店:(010)68428422   发行邮购:(010)68414474
发行传真:(010)68411535   发行业务:(010)68472764

前　言

　　"自动控制"是一门理论性和实践性都很强的专业基础课,是自动化、电气、仪表及检测、机电、电子信息等工科类专业的必修课程。通过本门课程的学习使学生建立模型、系统和控制的概念,学会系统分析和系统设计的方法。

　　这门课程理论性较强,较抽象,学生学习掌握有一定的难度,因此实验环节教学效果的好坏,对学生牢固掌握课堂理论知识,提高课程的教学质量起着非常重要的作用。在目前普遍课时压缩、教学要求提高的条件下,实验课程需要解决以下几个方面问题:如何通过实验教学加深学生对课程中基本理论和基本概念的理解,提高学生理论联系实际的能力;如何培养学生实践动手能力,分析解决工业控制过程中实际问题的能力;如何在实验教学中融入新的科技发展成果,培养利用现代化的实验和仿真手段,迅速检验和实施新的控制理论和算法的能力。

　　本书作者多年从事自动控制理论教学和实验指导工作,结合最新的现代计算机仿真实验手段,将控制系统理论知识灵活运用于实践教学环节中,内容丰富,层次分明,特色是理论与实验及仿真紧密结合,互相对照,将自控原理若干重要知识点分解到若干实验中去,使学生在完成实验的过程中加深对理论知识的理解,锻炼动手能力,以理论指导实践,以实践验证基本理论、探索理论应用,旨在提高学生分析问题、解决问题的能力和建立系统控制观念。同时通过实验思考题等方式引导学生对相关理论问题进行较深入的思考。

　　本书尽量避免对专用实验设备和实验场地的依赖,精心设计了 16 个控制理论实验及 2 个课程设计,内容兼顾经典控制理论和现代控制理论。每个实验都尽量提供了分立元件电路模拟和计算机软件仿真等多种实现方法,详细阐述了与实验相关的理论知识,并给出实验内容、实验要求与实验思考题,但一般不限制具体的实验步骤,方便师生根据本校的实际条件灵活选择实验方法,这些实验涉及的大多是基本的控制理论知识,因此适用于各种版本的控制理论教材。

　　本书由郑勇担任主编,参加编写的还有徐继宁、胡敦利、李艳杰。张若青、李志军、阎红娟等提出了宝贵建议和意见,研究生张红、徐兴虎、张路娟承担了部分内容的图形绘制和程序调试工作,在此表示感谢。

　　由于编者水平有限,书中疏漏不妥之处,恳请读者不吝赐教。联系邮箱为 cntzy@ncut.edu.cn。

作者

目　录

绪论　自动控制理论实验的实现方式

自动控制理论实验可以通过多种方式来实现，虽然本实验教程所设计的实验并不依赖于特定的实验装置和实验环境，但是一个设计合理、功能完善、使用方便的实验平台无疑对提高实验教学效果起到非常重要的作用。

下面介绍电路分立元件模拟控制系统的原理及其装置。

机械、电气、热力学等各类物理系统的运动形式是多种多样的，但就其数学模型的描述而言却往往是一致的。两类具有同样运动规律但却有着不同物理属性的系统，表征它们状态的微分方程在数学形式上是相同的。人们可以利用对一类物理系统的研究代替对另一类具有同样微分方程的物理系统的研究，从而给自动控制系统的实验带来很大方便，考虑到经济性和教学要求，往往利用高性能运算放大器配合不同的输入阻抗网络和反馈阻抗网络来模拟控制系统的各种环节，再由多个环节组成系统对整个控制系统进行模拟。

图 0-1 是运算放大器的表示符号，图中"−"表示反相输入端，"+"表示同相输入端。因为同相放大电路共模电压的影响，易于导致运算误差，因此在自动控制理论实验中，一般采用反相端输入，同相端通过一个平衡电阻接地。

运算放大器在线性电路使用中，须构成负反馈电路，其输入端连接输入阻抗 Z_i，在输出端和反相输入端之间要连接反馈阻抗 Z_f。如图 0-2 所示，这时根据理想运放虚短和虚断的特性，运算放大器反相输入端电压为零、电流为零，可得到公式 $\dfrac{U_o}{Z_f} = -\dfrac{U_i}{Z_i} \Rightarrow \dfrac{U_o}{U_i} = -\dfrac{Z_f}{Z_i}$，这是运算放大器联系输出量与输入量的基本关系。电阻的阻抗是 R，电容 C 的阻抗为 $\dfrac{1}{Cs}$，适当选择输入阻抗和反馈阻抗的形式和数值，就可实现各种不同环节和运算功能。

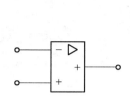

图 0-1　运算放大器的表示符号

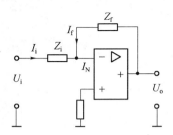

图 0-2　运算放大器的基本电路

1．采用传统仪器的控制理论实验方案

图 0-3 是采用传统仪器的控制理论实验方案，一般由模拟实验箱、函数信号发生器、示波器、频谱分析仪等组成。

图 0-3　采用传统仪器的控制理论实验方案

这种方案的优点在于学生可以在做实验的过程中较熟练地掌握各种传统仪器的使用方法，但实验效果也受到仪器性能的制约，如普通示波器没有余辉显示功能，读数不准确等，另外调试仪器也占用了实验时间。

2．采用计算机半实物仿真的实验方案

随着计算机技术的发展，如图 0-4 所示的计算机半实物仿真的实验方案逐渐显示出优势，图 0-5 是作者研制的基于这种方案的实验装置。这种实验方案将传统的实验方法与计算机结合起来，不仅使操作更灵活方便，实验内容更丰富，分析手段更科学化，而且明显提高了学生的学习兴趣。该系统中由计算机通过串口或 USB 接口与 A/D-D/A 接口板连接，计算机上安装有作者开发的实验软件，实现信号发生器、示波器、频率特性分析、计算机控制器等功能，使用非常方便。本系统充分发挥了计算机的优势，由计算机完成实验数据的采集、存储、回放和计算处理，在实验时就可以将实验结果与理论分析值进行对比，提高了实验效率。本实验装置还具有实验方案配置灵活、便于扩展实验项目等优点，由于计算机在不做实验时也可被充分利用，实际上也节约了设备投资。实验软件界面如图 0-6 所示。

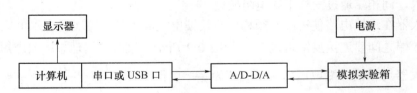

图 0-4　新型自动控制/计算机控制实验系统结构图

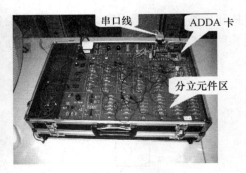

图 0-5　新型自动控制/计算机控制实验装置

作者设计的新型自动控制理论/计算机控制实验装置的特点：

(1) A/D-D/A 接口板采用 SOC 型单片机 cygnalF020，集成度高，板上拥有 2 路 D/A，8 路 A/D，精度为 12 位，范围-5V～+5V，通过串口或 USB 接口与计算机相连，数据传输速度达到 115200b/s。

2

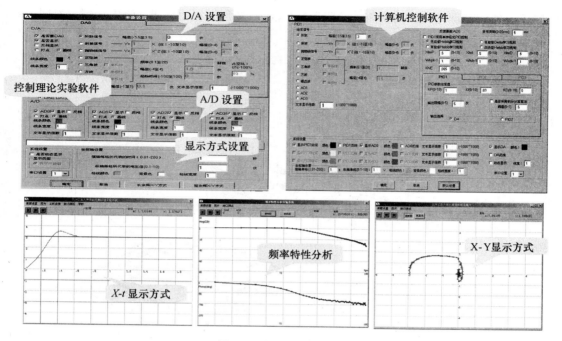

图 0-6　实验软件界面

(2) 为适应不同的实验要求，信号发生器部分的设计具有丰富的波形产生功能及灵活性，可以实现 2 路 D/A 的同时使用，可发出阶跃、斜坡、加速度、正弦、方波、三角、锯齿、随机等多种信号，且幅值、频率、极性、初始相位可调，2 路 D/A 之间相位可调、可叠加。

(3) A/D 信号可选择多种显示方式（正反、颜色、线宽、打点画线等）。

(4) 可实现连续采集（只受硬盘容量限制）。

(5) 具有长余辉 X-Y（适合于相平面法分析）与短余辉 X-Y（适合于李莎育图形观察）显示方式。

(6) 实验数据可生成数据文件导入 MATLAB 进行分析，明显增强了实验效果。

(7) 频率特性测试模块可自动进行频率特性分析，生成 60 组数据，自动绘制波特图、奈奎斯特图。

(8) 计算机控制实验模块可以实现单个数字 PID 调节器或单神经元自适应 PID 调节器的设计，还可实现多至三个 PID 调节器的串级控制实验，所有控制算法均不需编程。

(9) 波形显示窗口右上方显示鼠标所在位置的 X-Y 坐标值，方便读取记录幅值时间等实验数据。

(10) 工具栏上的三个按键分别是启动、暂停和停止。

在软件界面设计方面，特别注意了易操作性，学生不需专门学习即可使用。

实验平台的软硬件均采用了通用性、开放性设计，不特别针对某些具体的实验项目，可充分满足教师学生自主开发设计型、创新性实验的需要。

3. 采用 NI EVILS 平台的实验方案

随着测试仪器的数字化、计算机化的发展，虚拟仪器逐渐取代传统仪器。NI 公司提出"软件就是仪器"的说法，这在 EVILS 平台上充分体现了出来。

如图 0-7 所示，EVILS 平台集成了许多功能性仪器，如电源、波形发生器、万用表、示波器等，使控制理论实验的实现非常简单，EVILS 平台附加功能非常强大，用户界面丰富，可以通过其开发软件实现更多的功能。

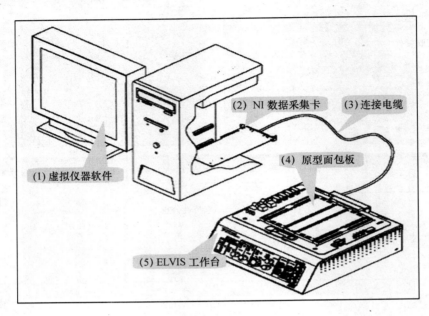

图 0-7　NI EVILS 实验平台的组成

(1) 安装在计算机上的软面板仪器，包括实验中典型通用仪器的虚拟仪器(可编程电源、波形发生器、万用表、示波器、频谱分析仪等)。

(2) 多功能数据采集设备，即 DAQ 装置，基于 PCI 总线的数据采集卡，PCI-6251，具有 8 路差分模拟输入，采样频率达到 250kS/s；2 路 16 位精度模拟输出；24 个数字 I/O 口;2 个 32 位、80MHz 的定时/计数器等性能。

(3) 连接电缆。

(4) 原型面包板上给出了 EVILS 所有信号终端，分别列在面包板两旁，并通过连接电缆接至 PCI 数据采集卡，在原型面包板上可搭建电子电路。

(5) 工作台上的控制面板上有波形发生器、万用表、示波器等基本仪器。

EVILS 平台的开发软件就是 LabVIEW 软件。LabVIEW 软件是一种图形化的编程语言，经常用于测量和自动化应用。在 LabVIEW 中，可以使用一系列的工具和对象创建一个用户界面，用户界面也称为前面板，然后添加仪器功能。程序框图包含实现前面板仪器功能图标的连接及函数功能。而在 EVILS 中，实验所用到的示波器等显示器件都嵌入其中，直接使用即可。图 0-8 和图 0-9 为相关实验软件界面。

4．利用 MATLAB/Simulink 软件实现控制理论实验

MATLAB 是 MathWorks 公司开发的一套具有强大的科学及工程计算功能和丰富的图形显示功能的软件。其功能包括：数值分析、矩阵运算、信号和图像处理、系统建模、控制和优化、计算结果和功能可视化等，MATLAB 将这些功能集成在一个极易使用的交互式环境中。基于 MATLAB 的控制系统的仿真实验，是用 MATLAB 语言及 Simulink 对系统建模、分析与设计的一种实验方法。它能快速、直观地分析连续系统、离散系统、非线性系统的动态性能和稳态性能。下面简要介绍一下基于 MATLAB/Simulink 的控制系统建模与仿真的基本方法。

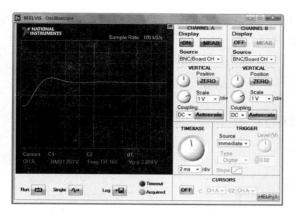

图 0-8　二阶系统阶跃响应

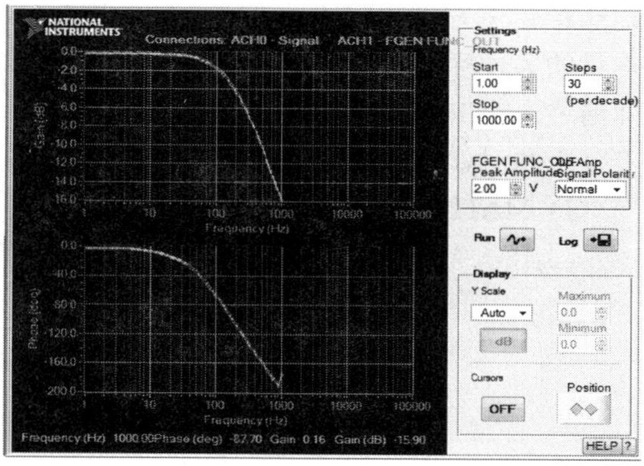

　　　　　　　　　　　　　　　　　　　　　　　图 0-9　系统频率特性

1) MATLAB 语言

MATLAB 语言的程序可以用两种方式来执行，即命令行方式和 m 文件方式，对应于函数 m 文件和独立 m 文件。独立 m 文件由命令描述行写成之后存储，即可在 MATLAB 平台上单独调用执行。函数 m 文件需要相应的输入输出变量参数方可执行，实验中采用 MATLAB 命令行方式。

2) Simulink 简介

MATLAB 的 Simulink 是一个用来对动态系统进行建模、仿真与分析的软件包。进入 MATLAB 界面后，在命令窗口中键入"Simulink"，回车后便打开一个名为 Simulink Library Browser 的模块库浏览器，如图 0-10 所示。可以看见该模块库中包括以下几个子模块库：Continuous（连续时间模型库），Discontinuities（非连续时间模型库），Discrete（离散时间模型库），Math Operations（数学运算模型库），Ports&Subsystems（端口与子系统模型库），Signals Routing（信号路由库），Sinks（输出节点库），Sourses（源节点库），User-Defined Functions（用户定义函数模型库）等。Simulink 为用户提供了用方框图进行系统建模的图形窗口，采

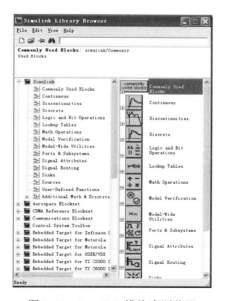

图 0-10　Simulink 模块库浏览器

用这种建模方式绘制控制系统的动态模型结构图，只需要通过鼠标的点击和拖曳，将模块中提供的各种标准模块复制到 Simulink 的模型窗口中，就可以轻而易举地完成模型的创建。下面通过一个例子来说明如何使用 MATLAB 命令行方式与 Simulink 进行系统的建模与仿真。

下面对如图 0-11 的系统进行阶跃响应仿真。

1) MATLAB 命令行方式

写出系统的传递函数，采用阶跃响应函数求阶跃响应，得到阶跃响应曲线（图 0-12）。

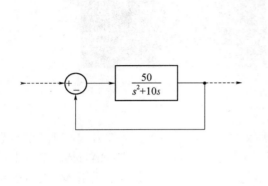

图 0-11　二阶系统方框图

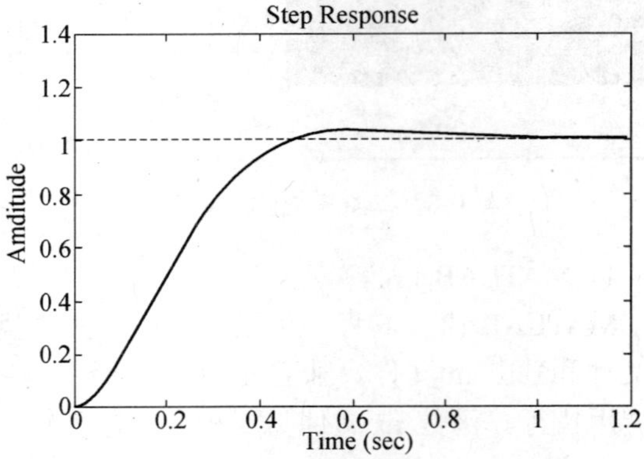

图 0-12　二阶系统阶跃响应

具体程序如下：

```
n1=[50];d1=[1 10 0];          %采用矩阵形式表示传递函数分子、分母
[n2, d2]=cloop(n1, d1, -1);   %构成单位负反馈闭环系统
printsys(n2, d2)              %显示传递函数的多项式模型
num/den =

        50
   ----------------
   s^2 + 10 s + 50
step(n2, d2)                 %step 为阶跃响应函数
```

2) Simulink 方式

(1) 在 MATLAB 命令窗口中执行 Simulink 命令，打开 Simulink Library Browser 窗口。

(2) 在 File 菜单中建立一个新的 Model 文件。

(3) 建立系统动态结构图：分别从 Sourses（源节点库）、Math Operations（数学运算模型库）、Continuous（连续时间模型库）、Sinks（输出节点库）中需要的元件和环节调到 Model 文件中，并按照图示连接方法将各模块连接起来，如图 0-13 所示。

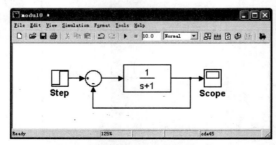

图 0-13　建立 Simulink 模块文件示例

(4) 参数修改：分别单击需要修改参数的模块，进入参数对话框修改相应参数，如图 0-14 所示。

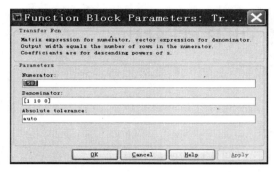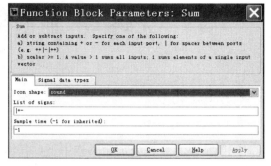

图 0-14　参数修改示例

(5) 仿真：经过上述步骤以后即可得到图 0-11 所示系统的动态结构图，如图 0-15 所示。单击 Simulation 菜单下的 Start 命令可进行系统仿真，双击 Scope 可观察到系统的单位阶跃响应，如图 0-16 所示。

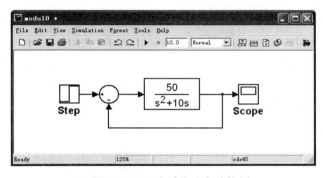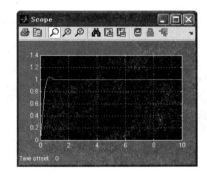

图 0-15　二阶系统动态结构图　　　　图 0-16　二阶系统阶跃响应

　　需要说明的是，MATLAB 软件功能强大，内容丰富，本书仅从完成实验的角度对相关涉及到的 MATLAB 软件功能加以说明，如有需要系统学习 MATLAB 控制理论编程知识的读者，请另行参阅相关书籍。

实验一　典型环节的特性分析

一、实验相关知识

1. 时间响应的概念

时间响应是系统在外加激励作用下，其输出随时间变化的函数关系。

1）典型输入信号

控制系统中常用的典型输入信号有：单位脉冲函数，单位阶跃函数，单位斜坡函数，单位加速度函数，正弦函数等。这些函数都是简单的时间函数，便于数学分析和实验研究。表1-1列出了各种典型输入信号的时间函数、拉普拉斯变换及函数曲线。

表 1-1　典型输入信号

名称	时 间 函 数	拉普拉斯变换	函 数 曲 线
单位脉冲函数	$f(t)=\begin{cases}\lim\limits_{t_0\to 0}\dfrac{1}{t_0}\big[1(t)-1(t-t_0)\big], & 0<t<t_0 \\ 0, & t<0\text{或}t>t_0\end{cases}$	1	
单位阶跃函数	$f(t)=\begin{cases}0, & t<0 \\ 1, & t\geqslant 0\end{cases}$	$\dfrac{1}{s}$	
单位斜坡函数	$f(t)=\begin{cases}0, & t<0 \\ t, & t\geqslant 0\end{cases}$	$\dfrac{1}{s^2}$	
单位加速度函数	$f(t)=\begin{cases}0, & t<0 \\ \dfrac{1}{2}t^2, & t\geqslant 0\end{cases}$	$\dfrac{1}{s^3}$	

名称	时 间 函 数	拉普拉斯变换	函 数 曲 线
正弦函数	$f(t) = A\sin\omega t$	$\dfrac{A\omega}{s^2 + \omega^2}$	

2) 动态过程

指系统在典型输入信号作用下，系统输出量从初始状态到最终状态的响应过程，又称瞬态过程或过渡过程。动态过程可以提供关于系统稳定性、响应速度及阻尼等信息。

3) 稳态过程

指系统在典型输入信号作用下，当时间 t 趋于无穷时，系统输出量的状态，稳态过程可以提供有关系统稳态输出、稳态误差等信息。

2. 一阶系统的时域分析

能够用一阶微分方程描述的系统为一阶系统，它的典型形式是一阶惯性环节，即 $\dfrac{x_{\mathrm{o}}(s)}{x_{\mathrm{i}}(s)} = \dfrac{1}{Ts+1}$ （T 为一阶系统的时间常数）。

一阶系统的典型时间响应见表 1-2。常用拉普拉斯变换对照见表 1-3。

表 1-2　一阶系统的典型时间响应

响应名称	响 应 表 达 式	响 应 曲 线
单位脉冲响应	$c(t) = L^{-1}\left[\dfrac{1}{Ts+1}\right] = \dfrac{1}{T}\mathrm{e}^{-t/T}$ $(t \geqslant 0)$	
单位阶跃响应	$c(t) = L^{-1}\left[\dfrac{1}{Ts+1} \cdot \dfrac{1}{s}\right] = 1 - \mathrm{e}^{-\frac{t}{T}}$ $(t \geqslant 0)$	

9

响应名称	响应表达式	响应曲线
单位斜坡响应	$c(t) = L^{-1}\left[\dfrac{1}{Ts+1}\cdot\dfrac{1}{s^2}\right] = t - T + Te^{\frac{t}{T}}$ $(t \geqslant 0)$	

表 1-3 常用拉普拉斯变换对照表

象函数 $F(s)$	原函数 $f(t)$	象函数 $F(s)$	原函数 $f(t)$
1	$\delta(t)$，单位脉冲函数	$\dfrac{1}{s+a}$	$e^{-at}, a>0$，指数函数
$\dfrac{1}{s}$	$1(t)$，单位阶跃函数	$\dfrac{\omega}{s^2+\omega^2}$	$\sin\omega t$，正弦函数
$\dfrac{1}{s^2}$	t，单位斜坡函数	$\dfrac{s}{s^2+\omega^2}$	$\cos\omega t$，余弦函数
$\dfrac{1}{s^3}$	$\dfrac{1}{2}t^2$，单位加速度函数	$F(s+a)$	$f(t)e^{-at}$，与指数函数相乘

二、实验目的

(1) 熟悉各种典型环节的传递函数及其特性,掌握典型环节的电路模拟研究方法和软件仿真研究方法。

(2) 测量各种典型环节的阶跃响应曲线,了解参数变化对其动态性能的影响。

(3) 学习由阶跃响应计算典型环节传递函数的方法。

三、实验原理

自动控制系统是由比例、积分、惯性等典型环节按照一定的关系连接而成的,熟悉这些典型环节对阶跃输入的响应特性,对分析自控系统将十分有益。

在自动控制理论实验中,往往利用运算放大器配合不同的输入阻抗网络和反馈阻抗网络来模拟控制系统的各种典型环节。

四、实验内容

1. 模拟电路实验方案

在模拟实验箱上搭建各典型环节的模拟电路并分析其阶跃响应（表 1-4、表 1-5）。

表 1-4 典型环节模拟电路及传递函数

典型环节	方框图	模 拟 电 路 图	传递函数
比例	$R(s) \rightarrow \boxed{K} \rightarrow C(s)$	（模拟电路图：R_1 100k，R_2 200k，R_0 100k，R_0 100k，$r(t)$，$c(t)$）	$G(s)=\dfrac{C(s)}{R(s)}=K$ 其中 $K=\dfrac{R_2}{R_1}$
积分	$R(s) \rightarrow \boxed{\dfrac{1}{Ts}} \rightarrow C(s)$	（模拟电路图：R 100k，C 1μF，R_0 100k，R_0 100k，$r(t)$，$c(t)$）	$G(s)=\dfrac{C(s)}{R(s)}=\dfrac{1}{Ts}$ 其中 $T=RC$
比例积分	$R(s) \rightarrow \boxed{K}$ 和 $\boxed{\dfrac{1}{Ts}} \rightarrow \otimes \rightarrow C(s)$	（模拟电路图：R_1 100k，R_2 200k，C 1μF，R_0 100k，R_0 100k，$r(t)$，$c(t)$）	$G(s)=\dfrac{C(s)}{R(s)}=$ $K+\dfrac{1}{Ts}$ 其中 $K=\dfrac{R_2}{R_1}$， $T=R_1C$
理想比例微分	$R(s) \rightarrow \boxed{K}$ 和 $\boxed{Ts} \rightarrow \otimes \rightarrow C(s)$	（模拟电路图：R_1 10k，R_2 10k，R_3 10k，C 1μF，R_0 100k，R_0 100k，$r(t)$，$c(t)$）	$G(s)=\dfrac{C(s)}{R(s)}=$ $K(Ts+1)$ 其中 $K=\dfrac{R_2+R_3}{R_1}$， $T=\dfrac{R_2R_3}{R_2+R_3}C$
实际比例微分	$R(s) \rightarrow \boxed{K}$ 和 $\boxed{Ts} \rightarrow \otimes \rightarrow C(s)$	（模拟电路图：R_1 10k，R_2 10k，R_3 10k，C 1μF，R_4 200，R_0 100k，R_0 100k，$r(t)$，$c(t)$）	$G(s)=\dfrac{C(s)}{R(s)}=$ $K(Ts+1)$ 其中 $K=\dfrac{R_2+R_3}{R_1}$， $T=\dfrac{R_2R_3}{R_2+R_3}C$ $(R_2, R_3 \gg R_4)$

11

（续）

典型环节	方框图	模拟电路图	传递函数
理想比例积分微分	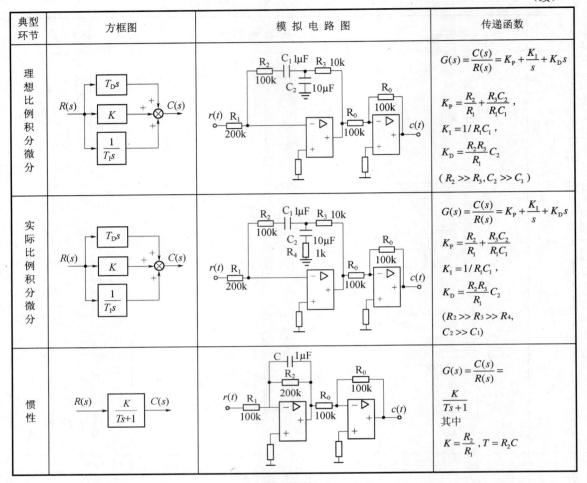		$G(s)=\dfrac{C(s)}{R(s)}=K_P+\dfrac{K_1}{s}+K_Ds$ $K_P=\dfrac{R_2}{R_1}+\dfrac{R_3C_2}{R_1C_1}$, $K_1=1/R_1C_1$, $K_D=\dfrac{R_2R_3}{R_1}C_2$ $(R_2\gg R_3,C_2\gg C_1)$
实际比例积分微分			$G(s)=\dfrac{C(s)}{R(s)}=K_P+\dfrac{K_1}{s}+K_Ds$ $K_P=\dfrac{R_2}{R_1}+\dfrac{R_3C_2}{R_1C_1}$ $K_I=1/R_1C_1$, $K_D=\dfrac{R_2R_3}{R_1}C_2$ $(R_2\gg R_3\gg R_4,$ $C_2\gg C_1)$
惯性			$G(s)=\dfrac{C(s)}{R(s)}=$ $\dfrac{K}{Ts+1}$ 其中 $K=\dfrac{R_2}{R_1},\ T=R_2C$

表 1-5　典型环节阶跃响应

典型环节	阶跃响应	阶跃响应曲线
比例	$c(t)=K\quad(t\geqslant 0)$	
积分	$c(t)=\dfrac{1}{T}t\quad(t\geqslant 0)$	

典型环节	阶 跃 响 应	阶跃响应曲线
比例积分	$c(t) = K + \dfrac{1}{T}t \quad (t \geqslant 0)$	
理想比例微分	$c(t) = KT\delta(t) + K \quad (t \geqslant 0)$	
实际比例微分	$c(t) = \dfrac{R_2 + R_3}{R_1} + \dfrac{R_2 R_3}{R_1 R_4}e^{-t/R_4 C} \quad (t \geqslant 0)$	
理想比例积分微分	$c(t) = K_\mathrm{D}\delta(t) + K_\mathrm{P} + K_\mathrm{I}t \quad (t \geqslant 0)$	
实际比例积分微分	$c(t) = \left(\dfrac{R_2 + R_3}{R_1} + \dfrac{R_3 C_2}{R_1 C_1}\right) +$ $\dfrac{1}{C_1 R_1}t + \dfrac{R_3(R_2 C_1 - R_4 C_2)}{R_1 R_4 C_1}e^{-t/R_4 C_2}$ $(t \geqslant 0)$	

典型环节	阶 跃 响 应	阶跃响应曲线
惯性	$c(t)=K(1-\mathrm{e}^{t/T})\quad(t\geqslant 0)$	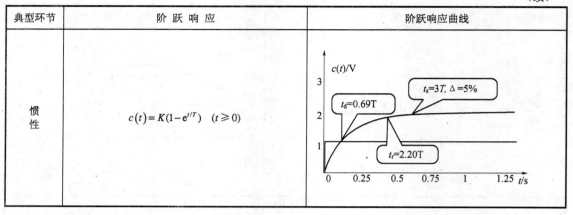

惯性环节单位阶跃响应为

$$c(t)=K(1-\mathrm{e}^{-t/T})$$

当输入 $r(t)=1(t)$ 时，根据动态性能指标定义(表 1-6)可得：

表 1-6　惯性环节（一阶系统）动态性能指标

动态性能	性 能 指 标
延迟时间 t_d	$t_\mathrm{d}=0.69T$　（响应由零状态上升至稳态值的 50% 所需的时间）
上升时间 t_r	$t_\mathrm{r}=2.20T$　（响应从稳态值的 10% 上升至 90% 所需要的时间，对有振荡的系统，指由 0% 第一次上升到稳定值的 100% 所需的时间）
峰值时间 t_p	无峰值　（响应超过稳态值，到达第一个峰值所需要的时间）
调节时间 t_s	$t_\mathrm{s}=3T$，取 $\Delta=5\%$；$t_\mathrm{s}=4T$，取 $\Delta=2\%$　（响应到达并停留在稳态值的 ±5% 或 ±2% 误差带内所需要的最短时间）
超调量 $\sigma\%$	无超调

2. MATLAB/Simulink 软件仿真实验方案

Simulink 是一个用来对动态系统进行建模、仿真和分析的软件包。利用 Simulink 可以快速建立控制系统的模型，观察比例、积分、比例积分、比例微分、比例积分微分、惯性等环节阶跃响应的动态特性。

设置仿真参数如下：

阶跃信号幅值/V	1
阶跃信号起始时间/s	0.5
示波器坐标轴设置/s	X 轴[0　2]

图 1-1 示出了利用 Simulink 进行典型环节的阶跃响应建模，图 1-2 示出了各典型环节的阶跃响应。

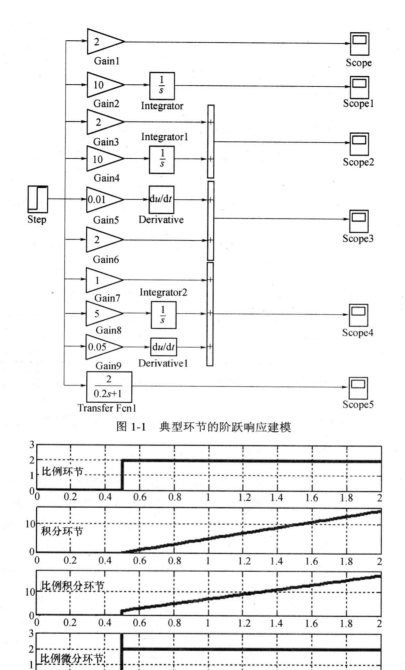

图 1-1　典型环节的阶跃响应建模

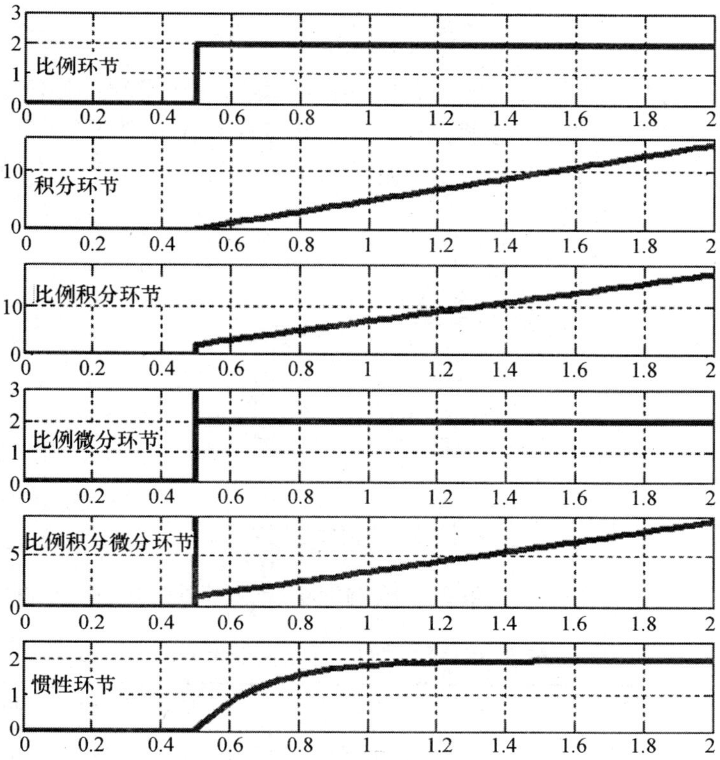

图 1-2　典型环节的阶跃响应

五、实验报告要求

(1) 画出各典型环节的模拟电路图，并注明参数。

(2) 写出各典型环节的传递函数。

(3) 建立惯性环节(一阶系统) $\dfrac{K}{Ts+1}$ 的模拟电路，取不同的时间常数 T，记录不同时间常数下的阶跃响应曲线，测量并记录其过渡过程时间 t_s，将参数及指标填在表 1-7 中。

表 1-7 惯性环节（一阶系统）实验数据记录表

T/s	0.2	0.5	1
K			
R_2			
C			
t_s 实测			
t_s 理论			
阶跃响应曲线			

(4) 改变各典型环节的参数，根据参数改变前后所测得的单位阶跃响应曲线，分析参数变化对动态性能的影响。

(5) 由阶跃响应曲线计算出惯性环节、积分环节的传递函数，并与由电路计算的结果相比较。

六、实验思考题

(1) 实验中将运算放大器视为理想放大器，但实际运算放大器输出幅值受其电源限制是非线性的，而且实际运算放大器是有惯性的，分析这些特性对各典型环节的阶跃响应有何影响。

(2) 另一种构成比例微分环节的模拟电路见图 1-3，试推导该环节的传递函数，为什么说纯微分环节在实际中无法实现？

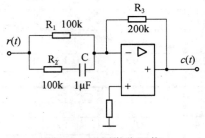

图 1-3 比例微分环节

(3) 测得某一液位被控对象，其液位阶跃响应实验数据记录如表 1-8 所示：

表 1-8 液位阶跃响应实验数据

t/s	0	10	20	50	80	120	180	250	320	400	500	600
h/cm	0	0	0.4	6.9	12.1	19.4	24.0	32.9	38.5	42.8	47.2	49.1

16

该对象可用有延迟的一阶惯性环节近似，其传递函数可近似为 $\dfrac{K\mathrm{e}^{-\tau s}}{Ts+1}$，试用近似法确定延迟时间 τ 和时间常数 T (图 1-4)。

(4) 一阶系统的结构图如图 1-5 所示。

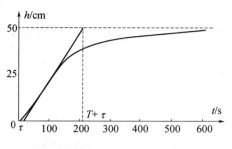

图 1-4　液位被控对象阶跃响应

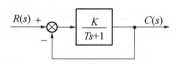

图 1-5　一阶系统结构图

如果不加单位负反馈，即系统开环时输出输入之间的关系为：

$$G_0(s)=\frac{K}{Ts+1}$$

时域响应为：
$$c(t)=K\left(1-\mathrm{e}^{-t/T}\right)$$

若系统中引入单位负反馈，系统的传递函数为：

$$\frac{C(s)}{R(s)}=\frac{K}{Ts+K+1}=\frac{K/(K+1)}{\dfrac{Ts}{K+1}+1}$$

于是在单位阶跃信号作用下，系统的输出为：

$$C(s)=\frac{K/(K+1)}{\dfrac{Ts}{K+1}+1}\cdot\frac{1}{s}=\frac{K}{K+1}\left[\frac{1}{s}-\frac{1}{s+\dfrac{K+1}{T}}\right]$$

时域响应为：
$$c(t)=\frac{K}{K+1}\left(1-\mathrm{e}^{-\left[(1+K)/T\right]t}\right)$$

试对开环系统和单位负反馈闭环系统的性能进行比较。

实验二 二阶系统的阶跃响应

一、实验相关知识

1．二阶系统的概念及数学模型

能够用二阶微分方程描述的系统为二阶系统，它的微分方程形式为：

$$T^2 \frac{\mathrm{d}^2 x_o(t)}{\mathrm{d}t^2} + 2\zeta T \frac{\mathrm{d}x_o(t)}{\mathrm{d}t} + x_o(t) = x_i(t) \qquad （T \text{ 为二阶系统的时间常数}）$$

二阶系统的典型传递函数可表示为：

$$\frac{X_o(s)}{X_i(s)} = \frac{\omega_n^2}{s^2 + 2\zeta\omega_n s + \omega_n^2} \quad \text{或者} \quad \frac{X_o(s)}{X_i(s)} = \frac{1}{T^2 s^2 + 2\zeta T s + 1}$$

式中，ζ 为阻尼比；ω_n 为无阻尼自然频率，$\omega_n = \dfrac{1}{T}$。

二阶系统的特征方程为：$\qquad s^2 + 2\zeta\omega_n s + \omega_n^2 = 0$

其特征根为：$\qquad s_{1,2} = -\zeta\omega_n \pm \omega_n \sqrt{\zeta^2 - 1}$

在不同阻尼比的情况下，二阶系统特征根在 s 平面内的分布不同，如表 2-1 所示。

表 2-1 二阶系统特征根及其分布

阻尼比	特 征 根	特征根分布图	响应特性
$0 < \zeta < 1$	具 有 负 实 部 的 共 轭 复 根 $s_{1,2} = -\zeta\omega_n \pm j\omega_d$ 式中，$\omega_d = \omega_n\sqrt{1-\zeta^2}$ 称为有阻尼固有频率		欠阻尼（衰减振荡）
$\zeta = 0$	共轭虚根 $s_{1,2} = \pm j\omega_n$		无阻尼（等幅振荡）

阻尼比	特 征 根	特征根分布图	响应特性
$\zeta=1$	相等负实根 $s_{1,2}=-\omega_n$	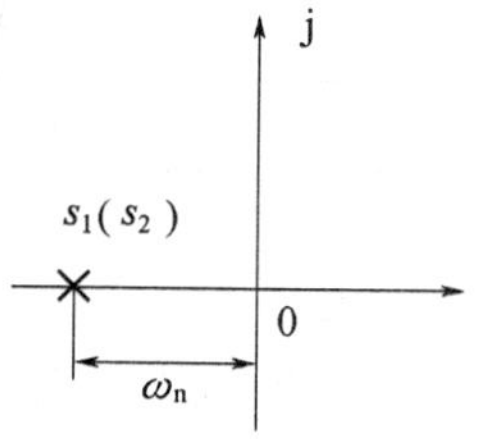 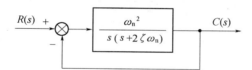	临界阻尼 （无振荡）
$\zeta>1$	不等负实根 $s_{1,2}=-\zeta\omega_n\pm\omega_n\sqrt{\zeta^2-1}$	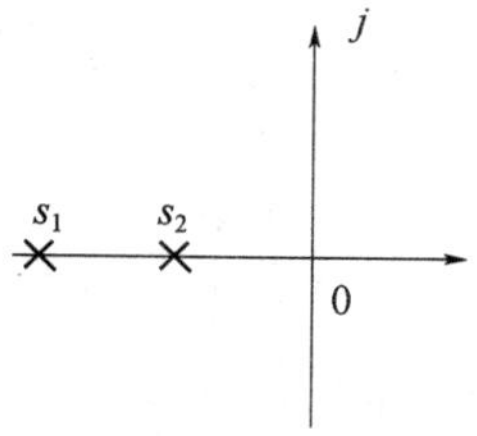	过阻尼 （无振荡）

2. 二阶系统的单位阶跃响应

图 2-1 所示的典型二阶系统，其闭环传递函数为：

$$\Phi(s)=\frac{C(s)}{R(s)}=\frac{\omega_n^2}{s^2+2\zeta\omega_n s+\omega_n^2}$$

图 2-1 典型二阶系统

若输入为单位阶跃信号 $R(s)=1/s$，则

$$C(s)=\frac{C(s)}{R(s)}=\frac{\omega_n^2}{s^2+2\zeta\omega_n s+\omega_n^2}\cdot\frac{1}{s}=\frac{1}{s}-\frac{s+2\zeta\omega_n}{(s+\zeta\omega_n)^2+\omega_n^2(1-\zeta^2)}$$

对上式取拉普拉斯反变换，可求得具有不同阻尼比的二阶系统的单位阶跃响应函数见表 2-2，阶跃响应曲线如图 2-2 所示。

表 2-2 不同阻尼比的二阶系统的单位阶跃响应函数

阻尼比	单位阶跃响应函数
$0<\zeta<1$	$h(t)=1-e^{-\zeta\omega_n t}\left[\cos\omega_d t+\dfrac{\zeta}{\sqrt{1-\zeta^2}}\sin\omega_d t\right]$ 或者写成 $h(t)=1-\dfrac{1}{\sqrt{1-\zeta^2}}e^{-\zeta\omega_n t}\cdot\sin(\omega_d t+\beta)$ （$t\geqslant 0$） 式中， $\beta=\arctan\left(\sqrt{1-\zeta^2}/\zeta\right)$，或者 $\beta=\arccos\zeta$

阻尼比	单位阶跃响应函数
$\zeta = 0$	$h(t) = 1 - \cos\omega_n t, \quad t \geqslant 0$
$\zeta = 1$	$h(t) = 1 - e^{-\omega_n t}(1 + \omega_n t), \quad t \geqslant 0$
$\zeta > 1$	$h(t) = 1 + \dfrac{e^{-t/T_1}}{T_2/T_1 - 1} + \dfrac{e^{-t/T_2}}{T_1/T_2 - 1}, \quad t \geqslant 0$ 式中，$T_1 = \dfrac{1}{\omega_n\left(\zeta - \sqrt{\zeta^2 - 1}\right)}$, $T_2 = \dfrac{1}{\omega_n\left(\zeta + \sqrt{\zeta^2 - 1}\right)}$

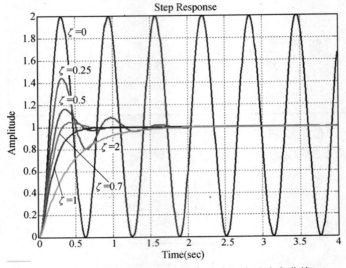

图 2-2　不同阻尼比的二阶系统的单位阶跃响应曲线

3. 二阶系统瞬态响应性能指标

如图 2-3 所示，二阶系统的瞬态响应性能指标主要包括：

(1) 延迟时间 t_d：响应由零状态上升至稳态值的 50% 所需的时间。

(2) 上升时间 t_r：响应从稳态值的 10% 上升至 90% 所需要的时间；对有振荡的系统通常定义为 0% 至第一次到达稳态值 100% 所需时间。

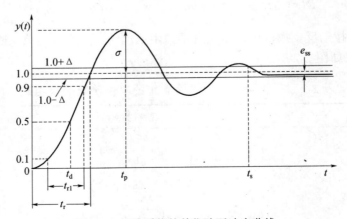

图 2-3　二阶系统的单位阶跃响应曲线

(3) 峰值时间 t_p：响应超过稳态值，到达第一个峰值所需要的时间。

(4) 调节时间 t_s：响应到达并停留在稳态值的 ±5%（或 ±2%）误差带内所需要的最短时间，也被称作过渡过程时间。

(5) 超调量 σ：输出量的最大值与稳态值之差与稳态值之比，即

$$\sigma\% = \frac{h(t_p) - h(\infty)}{h(\infty)} \times 100\%$$

(6) 稳态误差 e_{ss}：当时间 t 趋于无穷时，系统响应的稳态值与期望值之差定义为稳态误差。

上述 6 个性能指标基本上能够描述系统过渡过程的特征，延迟时间、上升时间、峰值时间、调节时间描述了响应的快速性；而超调量描述了响应的平稳性，一般情况下与系统的相对稳定性有关。稳态误差则反映了系统复现输入信号的最终精度。由于时域响应直观、易于理解，因此大多数系统都是以时域特性的好坏来衡量系统的特性。当然，并不是所有系统的响应都具有上述 6 个指标，例如，对于一阶系统阶跃响应和二阶系统过阻尼响应，就不存在峰值时间和超调量。欠阻尼二阶系统动态性能指标计算见表 2-3。

表 2-3　欠阻尼二阶系统动态性能指标计算公式

动态性能指标	二阶系统（$0 < \zeta < 1$）
延迟时间 t_d	$t_d = \dfrac{1 + 0.7\zeta}{\omega_n}$
上升时间 t_r	$t_r = \dfrac{\pi - \beta}{\omega_n\sqrt{1-\zeta^2}}, \beta = \arccos\zeta$ （欠阻尼二阶系统）
峰值时间 t_p	$t_p = \dfrac{\pi}{\omega_n\sqrt{1-\zeta^2}}$
调节时间 t_s	$t_s = \dfrac{3.5}{\zeta\omega_n}$，取 $\Delta = 5\%$；$t_s = \dfrac{4}{\zeta\omega_n}$，取 $\Delta = 2\%$
超调量 $\sigma\%$	$\sigma\% = e^{-\pi\zeta/\sqrt{1-\zeta^2}} \times 100\%$

二、实验目的

(1) 掌握二阶系统的电路模拟方法及其动态性能指标的测试方法。

(2) 研究二阶系统的两个重要参数阻尼比 ζ 和无阻尼自然频率 ω_n 对系统动态性能的影响。

(3) 了解与学习二阶系统及其阶跃响应的 MATLAB/Simulink 仿真实验方法。

三、实验内容

1. 模拟电路实验方案

(1) 在自控原理实验箱上用运算放大器搭接一个模拟二阶系统，系统结构参数如下：

系统开环传递函数为：

$$G(s) = \frac{K_1}{T_0 s (T_1 s + 1)} = \frac{K}{s (T_1 s + 1)}$$

其中

$$K = \frac{K_1}{T_0}$$

闭环传递函数为：

$$\Phi(s) = \frac{K}{s(T_1 s + 1) + K} = \frac{K}{T_1 s^2 + s + K} = \frac{\omega_n^2}{s^2 + 2\zeta\omega_n s + \omega_n^2}$$

其中

$$\omega_n = \sqrt{K / T_1} = \sqrt{K_1 / (T_0 T_1)}$$

$$\zeta = \frac{1}{2}\sqrt{T_0 / (K_1 T_1)}$$

对应图 2-4 的模拟电路图如图 2-5 所示。

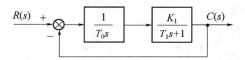

图 2-4　二阶系统方框图

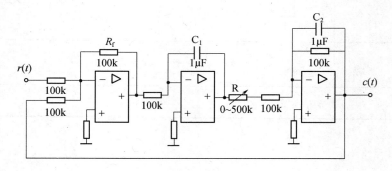

图 2-5　模拟电路图

注意：实验中采用的都是反相运算放大器,每经过一个运算放大器,符号要改变一次,为了形成负反馈系统，实验中每一个回路的运算放大器数目必须是奇数。

(2) 改变系统结构参数（即模拟电路中的变阻器 R），观察不同 R 值对系统动态性能有何影响。在表 2-4 中记录三种典型动态响应特性曲线（过阻尼、欠阻尼、临界阻尼）及相应的 R 值。

（理论计算 $R=300\text{k}\Omega$ 时 $\zeta=1$，$R<300\text{k}\Omega$ 时 $0<\zeta<1$，$R>300\text{k}\Omega$ 时 $\zeta>1$）

表 2-4 二阶系统实验数据记录表

ζ	0.5	0.707	1
ω_n			
R			
$\sigma\%$ 实测			
$\sigma\%$ 理论			
t_s 实测			
t_s 理论			
阶跃响应曲线			

(3) 根据欠阻尼系统阶跃响应曲线及实测 $\sigma\%$、t_s 等指标倒推出系统的传递函数并与由模拟电路计算出的传递函数进行比较分析。

(4) 对实验结果进行分析，并作出结论。

2．MATLAB 软件仿真实验方案

程序名：m2_1.m

```
close all;
clear all;
n1=[1];d1=[0.1 0];        %输入传递函数的分子、分母
n2=[0.5];                 %当变阻器为 100kΩ时 n2=0.5，300kΩ时 n2=0.25，400kΩ时 n2=0.2
d2=[0.1 1];
[no,do]=series(n1,d1,n2,d2);   %将两个环节串联
[nc,dc]=cloop(no,do,-1);       %构成单位负反馈闭环系统
damp(dc)                  %根据传递函数分母系数计算系统闭环极点、阻尼比和无阻尼自然频率
step(nc,dc);              %step 函数用来求系统的单位阶跃响应
grid on;                  %添加网格线
[y,x,t]=step(nc,dc)
ym=max(y)                 %求得峰值
tm=spline(y,t,ym)        %spline()为插值函数求得 y 为最大值 ym 时对应的时间 tm
```

实验结果如图 2-6 所示。

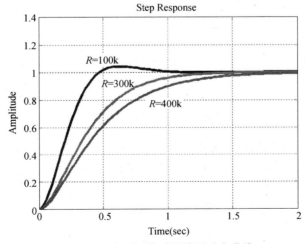

图 2-6 R 取不同值时的阶跃响应曲线

3. Simulink 软件仿真实验方案

当 $R=100\text{k}\Omega$ 时，系统动态模型图及响应曲线如图 2-7 所示。

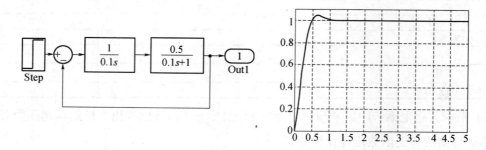

图 2-7　$R=100\text{k}\Omega$ 时 Simulink 模型图与响应曲线

当 $R=300\text{k}\Omega$ 时，系统动态模型图及响应曲线如图 2-8 所示。

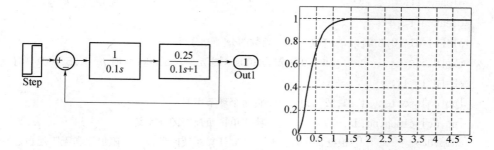

图 2-8　$R=300\text{k}\Omega$ 时 Simulink 模型图与响应曲线

当 $R=400\text{k}\Omega$ 时，系统动态模型图及响应曲线如图 2-9 所示。

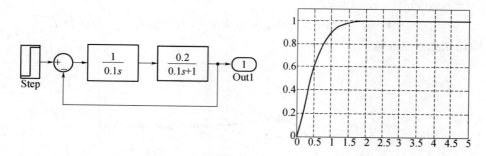

图 2-9　$R=400\text{k}\Omega$ 时 Simulink 模型图与响应曲线

以图 2-7 所示的 sim2_1.mdl 模块为例说明显示输出曲线的方法。

首先将该模块存放在 MATLAB 安装路径下的 work 文件夹下，然后在 MATLAB 命令行状态下输入：

```
[t,x,y]=sim('sim2_1',5);    %sim2_1 为模块文件名，5 为仿真终止时间
figure(1);
plot(t,y)
```

24

grid on

也可将模块中的输出端子 Out1 改为示波器 Scope，然后启动仿真运行直接观察输出结果。

4. 实例

通过两个例子研究二阶系统的两个重要参数阻尼比 ζ 和无阻尼自然频率 ω_n 对系统动态性能的影响。

例 2.1　求典型二阶系统 $\phi(s) = \dfrac{\omega_n^{\ 2}}{s^2 + 2\zeta\omega_n s + \omega_n^{\ 2}}$

当 $\omega_n = 10$，ζ 分别为 $0, 0.25, 0.5, 0.7, 1, 2$ 时的单位阶跃响应。

程序名：m2_2.m

```
wn=10;
kosi=[0,0.25,0.5,0.7,1,2];     %阻尼比分别为0,0.25,0.5,0.7,1,2
num=wn^2;
figure(1)
hold on
for i=1:6                      %求阻尼比分别为0,0.25,0.5, 0.7,1,2时的单位阶跃响应
    den=[1,2*kosi(i)*wn,wn^2];
    t=[0:0.01:4];
    step(num,den,t)
end
hold off
title('Step Response')         %标题为Step Response
```

执行后得到如图 2-10 所示的单位阶跃响应曲线。

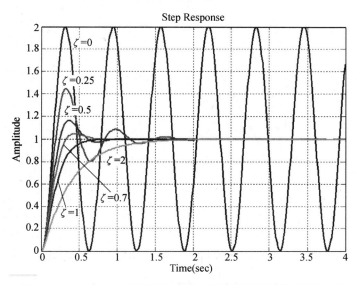

图 2-10　ω_n 一定，ζ 变化时典型二阶系统单位阶跃响应曲线

由图 2-10 可以看出，在过阻尼和临界阻尼响应曲线中,临界阻尼响应上升时间最短,响应速度最快；在欠阻尼（$0 < \zeta < 1$）响应曲线中,阻尼系数越小,超调量越大,上升时间越短,通常

取 $\zeta = 0.4 \sim 0.8$ 为宜，这时超调量适中,调节时间较短。

例 2.2　求典型二阶系统

$$\phi(s) = \frac{\omega_n^2}{s^2 + 2\zeta\omega_n s + \omega_n^2}$$

当 $\zeta = 0.707$, ω_n 分别为 2,4,6,8,10,12 时的单位阶跃响应。

程序名：m2_3.m

```
w=[2：2：12];        %以 2 为最小值,12 为最大值,步长为 2
kosi=0.707；
figure(1)
hold on
for wn=w              %分别求 ωn=2,4,6,8,10,12 时单位阶跃响应
    num=wn^2;
    den=[1,2*kosi*wn,wn^2];
    t=[0:0.01:4];
    step(num,den,t)
end
hold off
title('Step Response')  %仿真曲线图的标题为 Step Response
```

执行后得到如图 2-11 所示的单位阶跃响应曲线。

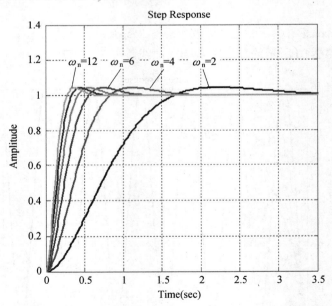

图 2-11　ζ 一定，ω_n 变化时典型二阶系统单位阶跃响应曲线

由图 2-11 可以看出，ω_n 越大，响应速度越快。

四、实验报告要求

(1) 画出实验模拟电路图和对应的方框图。

(2) 记录实验数据和波形。

(3) 将实验结果与理论值进行比较、分析。

(4) 通过对典型二阶系统的动态响应进行分析，说明典型二阶系统参数变化与性能间的关系。

五、实验思考题

(1) 对一个非单位负反馈系统如何等效变换为单位负反馈系统再进行研究？
提示(图 2-12)：

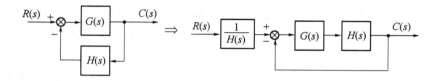

图 2-12 过程提示

等效单位反馈关系：

$$\frac{C(s)}{R(s)} = \frac{1}{H(s)} \cdot \frac{G(s)H(s)}{1+G(s)H(s)}$$

(2) 一种模拟电路形式的二阶系统如图 2-13 所示，试推导其传递函数。

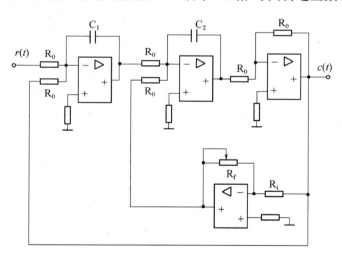

图 2-13 二阶系统模拟电路

(3) 在模拟电路实验方案的二阶系统中，ζ 和 ω_n 与电路参数的的关系是什么？如何实现保持 ω_n 不变而 ζ 单独变化，或者保持 ζ 不变而 ω_n 单独变化？

实验三　线性系统的稳定性分析

一、实验相关知识

1. 系统稳定性的基本概念

如果线性系统受到扰动，偏离了原来的平衡状态，当扰动消失后，经过有限长的时间，系统能够以足够的准确度逐渐恢复到原来的平衡状态，则工程上称该系统是稳定的。否则，系统是不稳定的。

控制系统能在实际中应用，其首要条件是保证系统具有稳定性。线性控制系统的稳定性取决于系统本身的结构和参数，与外加信号无关。

线性连续控制系统稳定的充分必要条件是：系统特征方程式的根全部具有负实部，或者说闭环传递函数的极点全部在 s 平面的左半平面。

2. 判定系统稳定性的基本方法

1) 直接求特征根

二阶及以下系统可以方便地求得闭环特征方程的解，根据充要条件判断线性系统稳定性。高阶系统不方便因式分解的，可以调用 MATLAB 的求根函数进行数值运算。当系统结构比较复杂或极点靠近虚轴时，应考虑计算机运算的误差因素，结合相对稳定性进行分析。

2) 赫尔维茨稳定判据

设线性定常系统的特征方程为：

$$D(s) = a_0 s^n + a_1 s^{n-1} + \cdots + a_{n-1}s + a_n = 0, \quad a_0 > 0 \tag{3-1}$$

则系统稳定的充分必要条件是：上述特征方程式(3-1)的各项系数为正，且如下各阶赫尔维茨行列式全部为正：

$$D_1 = a_1$$

$$D_2 = \begin{vmatrix} a_1 & a_3 \\ a_0 & a_2 \end{vmatrix}$$

$$D_3 = \begin{vmatrix} a_1 & a_3 & a_5 \\ a_0 & a_2 & a_4 \\ 0 & a_1 & a_3 \end{vmatrix}$$

$$\vdots$$

$$D_n = \begin{vmatrix} a_1 & a_3 & a_5 & \cdots & a_{2n-1} \\ a_0 & a_2 & a_4 & \cdots & a_{2n-2} \\ 0 & a_1 & a_3 & \cdots & a_{2n-3} \\ \vdots & \vdots & \vdots & & \vdots \\ 0 & 0 & 0 & \cdots & a_n \end{vmatrix}$$

其中，注脚大于 n 的系数或负注脚系数，均以零代之。

3) 劳斯稳定判据(递推判据)

对式(3-1)所示的系统特征方程，可列出劳斯表，如表 3-1 所列。

表 3-1　劳斯表

S^n	a_0	a_2	a_4	a_6	⋯
S^{n-1}	a_1	a_3	a_5	a_7	⋯
S^{n-2}	$c_{13} = \dfrac{a_1 a_2 - a_0 a_3}{a_1}$	$c_{23} = \dfrac{a_1 a_4 - a_0 a_5}{a_1}$	$c_{33} = \dfrac{a_1 a_6 - a_0 a_7}{a_1}$	c_{43}	⋯
S^{n-3}	$c_{14} = \dfrac{c_{13} a_3 - a_1 c_{23}}{c_{13}}$	$c_{24} = \dfrac{c_{13} a_5 - a_1 c_{33}}{c_{13}}$	$c_{34} = \dfrac{c_{13} a_7 - a_1 c_{43}}{c_{13}}$	c_{44}	⋯
⋮	⋮	⋮	⋮	⋮	⋮
S^0	$c_{1,n+1} = a_n$				

表中各系数计算如下：

$$c_{13} = -\frac{1}{a_1}\begin{vmatrix} a_0 & a_2 \\ a_1 & a_3 \end{vmatrix}, \quad c_{23} = -\frac{1}{a_1}\begin{vmatrix} a_0 & a_4 \\ a_1 & a_5 \end{vmatrix}, \quad c_{33} = -\frac{1}{a_1}\begin{vmatrix} a_0 & a_6 \\ a_1 & a_7 \end{vmatrix}, \cdots,$$

$$c_{14} = -\frac{1}{c_{13}}\begin{vmatrix} a_1 & a_3 \\ c_{13} & c_{23} \end{vmatrix}, \quad c_{24} = -\frac{1}{c_{13}}\begin{vmatrix} a_1 & a_5 \\ c_{13} & c_{33} \end{vmatrix}, \cdots$$

劳斯稳定判据：当且仅当劳斯表第一列所有元素均为正时，系统稳定，且劳斯表第一列各元素符号改变的次数等于特征方程的正实部根的个数。

劳斯稳定判据虽然避免了求解特征根的困难，但有一定的局限性，例如，当系统结构、参数发生变化时，将会使特征方程的阶次、方程的系数发生变化，而且这种变化是很复杂的，从而相应的劳斯表也将要重新列写，重新判别系统的稳定性。

如果系统不稳定，应如何改变系统结构、参数使其变为稳定的系统，代数判据难于直接给出修改依据。

二、实验目的

(1) 观察系统的不稳定现象。

(2) 研究系统参数的变化对典型三阶系统的动态性能及稳定性的影响。

三、实验原理

本实验选用三阶线性系统为分析对象，其开环传递函数是由两个惯性环节和一个积分环节相串联组成。调节系统的开环增益 K 和某一个惯性环节的时间常数 T，都会导致系统的动态性能的明显变化。

四、实验内容

1．模拟电路实验方案

图 3-1 所示系统的开环传递函数为 $G(s) = \dfrac{K}{s(T_1 s + 1)(T_2 s + 1)}$，其中 $K = \dfrac{K_1 K_2}{T_0}$，其模拟电路如图 3-2 所示。

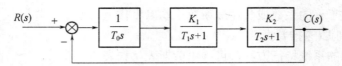

图 3-1 系统结构图

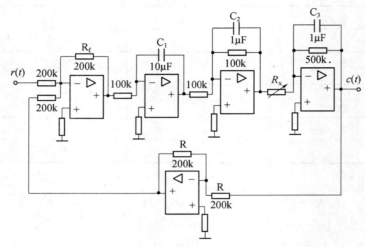

图 3-2 系统模拟电路图

该系统开环传递函数为 $G(s)H(s) = \dfrac{K}{s(0.1s+1)(0.5s+1)}$，$K = 500/R_x$，$R_x$ 的单位为 kΩ。

系统特征方程为 $s^3 + 12s^2 + 20s + 20K = 0$，根据劳斯判据得到：

系统稳定 $\qquad\qquad\quad 0 < K < 12$

系统临界稳定 $\qquad\quad\ K = 12$

系统不稳定 $\qquad\qquad K > 12$

根据 K 求取 R_x。这里的 R_x 可利用模拟电路单元的变阻器，改变 R_x 即可改变 K_2，从而改变 K，分别得到不稳定、临界稳定和稳定三种不同情况下的实验结果。

2．MATLAB 软件仿真实验方案

系统开环传递函数为 $G(s) = \dfrac{K}{s(0.1s+1)(0.5s+1)}$，试判断闭环系统的稳定性。

根据线性系统稳定的充分必要条件：系统特征方程的根(即闭环传递函数的极点)全部是负实数或具有负实部的共轭复数(即全部极点都在复平面 s 的左半平面)，在 MATLAB 环境下，可以利用 eig()函数、roots()函数、pole()函数、pzmap()函数等来求取系统特征方程的根或系统的零极点，同样也可以通过编程使用劳斯判据等来判断系统的稳定性，相比较来说，前者更加简便。

程序名：m3_1.m

```
clear
clc
K=5;                  %可另取K=12,K=18分别对应系统稳定、临界稳定、不稳定的情况
num=[K];
den=[0.05 0.6 1 0];
Gs=tf(num,den);
```

```
Tfs=feedback(Gs,1);
eig(Tfs)                    %显示系统闭环极点
p=roots(Tfs.den{1})         %显示系统闭环特征方程的根
pp=pole(Tfs)                %显示系统闭环极点
pzmap(Tfs)                  %显示系统闭环零极点图（图3-3）
```

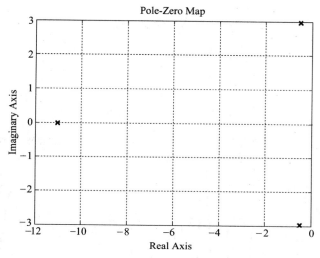

图 3-3　系统闭环零极点图

输出

```
ans =
 -11.0084          -0.4958 - 2.9729i   -0.4958 + 2.9729i
p =
 -11.0084
  -0.4958 + 2.9729i
  -0.4958 - 2.9729i
pp =
 -11.0084
  -0.4958 + 2.9729i
  -0.4958 - 2.9729i
clear
clc
K=[5,12,18];                %K值分别对应系统稳定、临界稳定、不稳定的情况
for i=1:1:3
    num=[K(i)];
    den=[0.05 0.6 1 0];
    Gs=tf(num,den);
    Tfs=feedback(Gs,1)
    figure(i);
    hold on
```

```
            step(Tfs);
end
```

实验结果如图 3-4 所示。

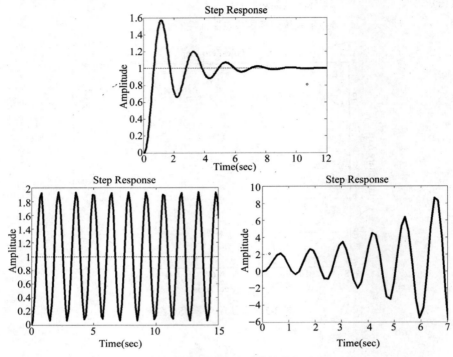

图 3-4 K 取不同值时系统的阶跃响应

3．Simulink 软件仿真实验方案

K 取不同值时系统 Simulink 模型图如图 3-5 所示，系统阶跃响应如图 3-6 所示。

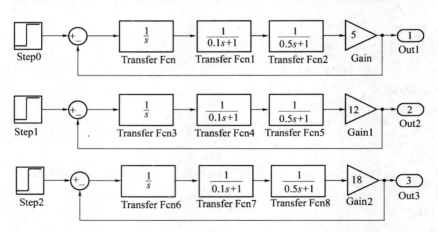

图 3-5 K 取不同值时系统 Simulink 模型图

将该 Simulink 模块存放在 MATLAB 安装路径下的 work 文件夹下，读取并显示模块输出结果。显示的 MATLAB 程序为：

```
[t,x,y]=sim('sim3_1',5);    %sim3_1 为模块文件名，5 为仿真终止时间
```

32

```
subplot(3,1,1)
plot(t,y(:,1))
axis([0 5 -2.5 2.5])          %坐标轴设置
grid
subplot(3,1,2)
plot(t,y(:,2))
axis([0 5 -2.5 2.5])
grid
subplot(3,1,3)
plot(t,y(:,3))
axis([0 5 -5 5])
grid
gtext('K=5')                  %加标注
gtext('K=12')
gtext('K=18')
```

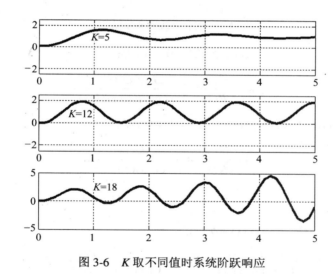

图 3-6　K 取不同值时系统阶跃响应

也可将模块中的输出端子 Out 改为示波器 Scope，然后启动仿真运行，直接观察输出结果。

五、实验报告要求

(1) 画出实验模拟电路和对应的方框图。

(2) 记录实验数据和波形。

(3) 将实验结果与理论值进行比较、分析。

六、实验思考题

(1) 在三阶系统中，为使系统能稳定工作，开环增益 K 应适量取大还是取小？此结论适用于四阶、五阶系统吗？有无一般意义？

(2) 提高系统稳定性的措施有哪些？

实验四　线性系统的稳态误差分析

一、实验相关知识

1．稳态误差的概念

线性控制系统的典型结构如图 4-1 所示。

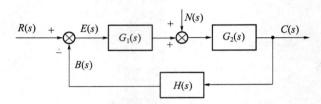

图 4-1　控制系统的典型结构

(1) $r(t)$ 作用下的闭环传递函数，令 $n(t) = 0$，可得：

$$\phi_r(s) = \frac{C(s)}{R(s)} = \frac{G_1(s)G_2(s)}{1 + G_1(s)G_2(s)H(s)}$$

(2) $n(t)$ 作用下的闭环传递函数，令 $r(t) = 0$，可得：

$$\phi_n(s) = \frac{C_n(s)}{N(s)} = \frac{G_2(s)}{1 + G_1(s)G_2(s)H(s)}$$

(3) 系统总输出：

$$C(s) = \phi_r(s)R(s) + \phi_n(s)N(s)$$
$$= \frac{G_1(s)G_2(s)}{1 + G_1(s)G_2(s)H(s)}R(s) + \frac{G_2(s)}{1 + G_1(s)G_2(s)H(s)}N(s)$$

(4) 系统总稳态误差是由输入信号引起的稳态误差和由干扰信号引起的稳态误差的代数和。

$$E(s) = E_r(s) + E_n(s) = \phi_{er}(s)R(s) + \phi_{en}(s)N(s)$$
$$= \frac{1}{1 + G_1(s)G_2(s)H(s)}R(s) + \frac{-G_2(s)H(s)}{1 + G_1(s)G_2(s)H(s)}N(s)$$

根据终值定理 $e_{ss} = \lim_{t \to \infty} e(t) = \lim_{s \to 0} sE(s)$，可以计算系统总的稳态误差。

2．静态误差系数法

由上面分析可知，稳态误差与稳定性不同，它取决于系统结构参数和输入信号两方面的因素。

图 4-2 所示为一单位反馈控制系统，其开环传递函数一般形式可写作

$$G(s) = \frac{K\prod\limits_{i=1}^{m}(\tau_i s + 1)}{s^{\upsilon}\prod\limits_{j=1}^{n-\upsilon}(T_j s + 1)}$$

式中　K——开环增益(注意式中各括号内的常数项都为1)；

　　υ——开环传递函数中包含积分环节数目，称为系统型次，或者无差度。

根据 υ 值来区分系统的类型：

当 $\upsilon = 0$ 时，称系统为 0 型系统；

当 $\upsilon = 1$ 时，称系统为 I 型系统；

当 $\upsilon = 2$ 时，称系统为 II 型系统；

……

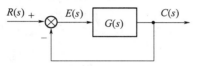

图 4-2　单位反馈控制系统

利用终值定理得单位反馈控制系统的稳态误差为

$$e_{ss} = \lim_{s \to 0} sE(s) = \lim_{s \to 0} s \frac{1}{1+G(s)} R(s)$$

可见，稳态误差与输入信号、系统类型及开环增益有关。

反馈控制系统的类型、静态误差系数和输入信号形式之间的关系，归纳在表 4-1 中。

表 4-1　输入信号作用下的稳态误差

系统类型	静态误差系数			阶跃输入 $r(t) = R_0 \cdot 1(t)$	斜坡输入 $r(t) = V_0 t$	加速度输入 $r(t) = a_0\left(\dfrac{t^2}{2}\right)$
	K_p	K_v	K_a	位置误差 $e_{ss} = \dfrac{R_0}{1+K_p}$	速度误差 $e_{ss} = \dfrac{V_0}{K_v}$	加速度误差 $e_{ss} = \dfrac{a_0}{K_p}$
0	K	0	0	$\dfrac{R_0}{1+K}$	∞	∞
I	∞	K	0	0	$\dfrac{V_0}{K}$	∞
II	∞	∞	K	0	0	$\dfrac{a_0}{K}$

由表 4-1 可见：

(1) 静态误差系数越大，稳态误差越小，系统跟踪输入信号的能力越强，跟踪精度越高。所以误差系数 K_p、K_v 和 K_a 体现了系统消除稳态误差的能力。

(2) 系统型次越高，系统无差度就越高。因此，从控制系统准确度的要求上讲，积分环节似乎越多越好，但这要受系统稳定性的限制。因而实际系统一般不超过两个积分环节。

二、实验目的

(1) 了解不同典型输入信号对于同一个系统所产生的稳态误差。
(2) 了解一个典型输入信号对不同类型系统所产生的稳态误差。
(3) 研究系统的型次及开环增益 K 对稳态误差的影响。

三、实验内容

1．模拟电路实验方式

1）0 型二阶系统

0 型二阶系统的方框图和模拟电路图分别如图 4-3 和图 4-4 所示。

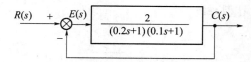

图 4-3　0 型二阶系统的方框图

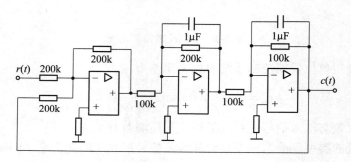

图 4-4　0 型二阶系统的模拟电路图

(1) 单位阶跃输入。

因为

$$E(s) = \frac{R(s)}{1 + G(s)}$$

所以

$$e_{ss} = \lim_{s \to 0} s \cdot \frac{(0.2s+1)(0.1s+1)}{(0.2s+1)(0.1s+1)+2} \cdot \frac{1}{s} = 0.3$$

(2) 单位斜坡输入。

$$e_{ss} = \lim_{s \to 0} s \cdot \frac{(0.2s+1)(0.1s+1)}{(0.2s+1)(0.1s+1)+2} \cdot \frac{1}{s^2} = \infty$$

说明 0 型系统不能跟踪斜坡输入信号，而对于单位阶跃输入，系统有稳态误差。

2）Ⅰ型二阶系统

图 4-5 和图 4-6 分别为Ⅰ型二阶系统的方框图和模拟电路图。

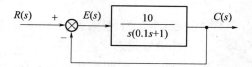

图 4-5　Ⅰ型二阶系统的方框图

36

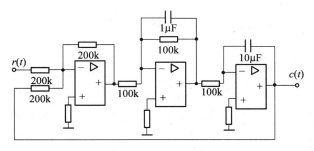

图 4-6 Ⅰ型二阶系统的模拟电路图

(1) 单位阶跃输入。

因为

$$E(s) = \frac{R(s)}{1+G(s)} = \frac{s(0.1s+1)}{s(0.1s+1)+10} \cdot \frac{1}{s}$$

所以

$$e_{ss} = \lim_{s \to 0} s \cdot \frac{s(0.1s+1)}{s(0.1s+1)+10} \cdot \frac{1}{s} = 0$$

(2) 单位斜坡输入。

$$e_{ss} = \lim_{s \to 0} s \cdot \frac{s(0.1s+1)}{s(0.1s+1)+10} \cdot \frac{1}{s^2} = 0.1$$

在单位阶跃输入时，Ⅰ型系统的稳态误差为零，而对于单位斜坡输入时，Ⅰ型系统的稳态误差为 0.1。

3) Ⅱ型二阶系统

图 4-7 和图 4-8 分别为Ⅱ型二阶系统的方框图和模拟电路图。

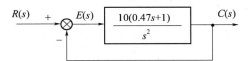

图 4-7 Ⅱ型二阶系统的方框图

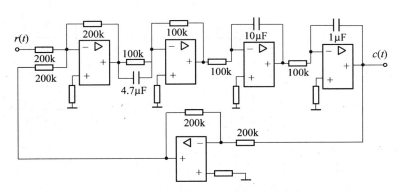

图 4-8 Ⅱ型二阶系统的模拟电路图

(1) 单位斜坡输入。

因为

$$E(s) = \frac{R(s)}{1+G(s)} = \frac{s^2}{s^2+10(0.47s+1)} \cdot \frac{1}{s^2}$$

所以
$$e_{ss} = \lim_{s \to 0} s \cdot \frac{s^2}{s^2 + 10(0.47s+1)} \cdot \frac{1}{s^2} = 0$$

(2) 单位抛物线输入。
$$e_{ss} = \lim_{s \to 0} s \cdot \frac{s^2}{s^2 + 10(0.47s+1)} \cdot \frac{1}{s^3} = 0.1$$

在单位斜坡输入时，Ⅱ型系统的稳态误差为零，而对于单位抛物线输入时，Ⅱ型系统的稳态误差为 0.1。

4) 由干扰引起的稳态误差

Ⅰ型二阶系统的方框图和模拟电路图如图 4-9 和图 4-10 所示，系统输入信号为单位阶跃信号，干扰信号为 0.1 倍的单位阶跃信号，测量这种情况下系统的稳态误差。

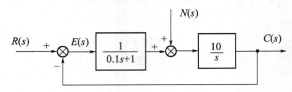

图 4-9　Ⅰ型二阶系统方框图

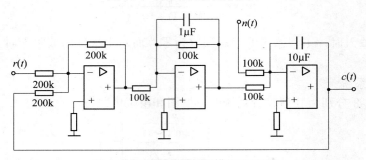

图 4-10　Ⅰ型二阶系统模拟电路图

(1) 由实验内容 2) "Ⅰ型二阶系统"可知，Ⅰ型二阶系统对单位阶跃输入稳态误差为 0。

(2) 因为
$$E(s) = 0 - C(s) = -\frac{G_2(s)H(s)}{1 + G_1(s)G_2(s)H(s)} N(s) = -\frac{0.1s+1}{s(0.1s+1)+10} \cdot \frac{1}{s}$$

由干扰引起的误差
$$e_{ss} = \lim_{s \to 0} sE(s) = \lim_{s \to 0} s \left[-\frac{G_2(s)H(s)}{1 + G_1(s)G_2(s)H(s)} N(s) \right] = \lim_{s \to 0} s \left[-\frac{0.1s+1}{s(0.1s+1)+10} \cdot \frac{1}{s} \right] = -0.1$$

2. MATLAB 软件仿真实验方案

1) 0 型二阶系统稳态误差

0 型二阶系统的方框图如图 4-11 所示。

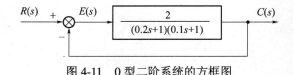

图 4-11　0 型二阶系统的方框图

38

程序名：m4_1.m

```
clc
clear
Rp=1;
Rv=1;
num=2;
den=[0.02,0.3,1];
Gopen=tf(num,den);
Kp=dcgain(Gopen)
Kv=dcgain([num 0],den)
ess1=Rp/(1+Kp)              %0型二阶系统的单位阶跃响应误差
ess2=Rv/Kv                  %0型二阶系统的单位斜坡响应误差
Gclose=feedback(Gopen,1,-1);
figure(1);
step(Gclose,'r');           %0型二阶系统的单位阶跃响应曲线图
hold on
figure(2);
t=0:0.01:5;
u1=t;
lsim(Gclose,u1,t);          %0型二阶系统的单位斜坡响应曲线图
```

可以求出：

0型二阶系统的单位阶跃响应静态位置误差系数K_p =2；

0型二阶系统的单位斜坡响应静态速度误差系数K_v =0。

从而求出：

0型二阶系统的单位阶跃响应误差ess1 =0.3333；

0型二阶系统的单位斜坡响应误差ess2 =Inf。

响应曲线如图 4-12 和图 4-13 所示。

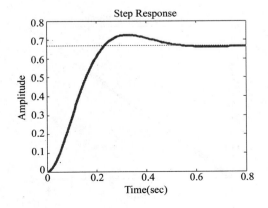

图 4-12　0 型二阶系统单位阶跃响应

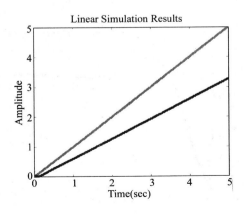

图 4-13　0 型二阶系统单位斜坡响应

2) Ⅰ型二阶系统稳态误差

Ⅰ型二阶系统方框图如图4-14所示。

程序名：m4_2.m

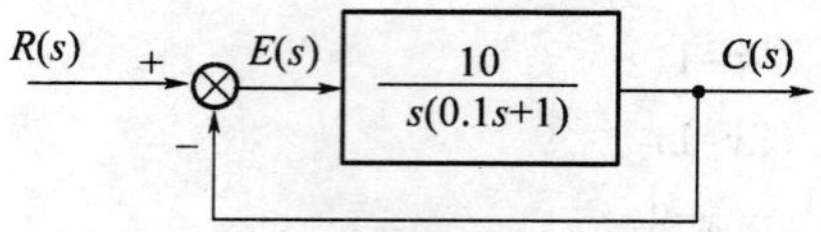

```
clear
clc
Rp=1;
Rv=1;
num=10;
den=[0.1,1,0];
Gopen=tf(num,den);
Kp=dcgain(Gopen)
Kv=dcgain([num 0],den)
ess1=Rp/(1+Kp)            %Ⅰ型二阶系统的单位阶跃响应误差
ess2=Rv/Kv                %Ⅰ型二阶系统的单位斜坡响应误差
Gclose=feedback(Gopen,1,-1);
figure(1);
step(Gclose);             %Ⅰ型二阶系统的单位阶跃响应曲线
figure(2);
t=0:0.01:5;
u1=t;
lsim(Gclose,u1,t);        %Ⅰ型二阶系统的单位斜坡响应曲线
```

图 4-14　Ⅰ型二阶系统的方框图

可以求出：

Ⅰ型二阶系统的单位阶跃响应静态位置误差系数 $K_p =$Inf；

Ⅰ型二阶系统的单位斜坡响应静态速度误差系数 $K_v =10$。

从而求出：

Ⅰ型二阶系统的单位阶跃响应误差ess1=0；

Ⅰ型二阶系统的单位斜坡响应误差ess2 =0.1。

响应曲线图如图 4-15 和图 4-16 所示。

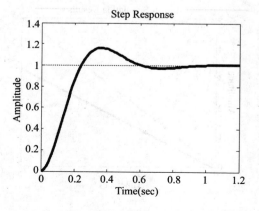

图 4-15　Ⅰ型二阶系统单位阶跃响应

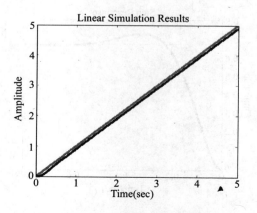

图 4-16　Ⅰ型二阶系统单位斜坡响应

3) Ⅱ型二阶系统稳态误差

Ⅱ型二阶系统方框图如图4-17所示。

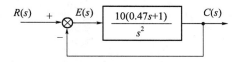

$$R(s) \xrightarrow{+} \bigotimes \xrightarrow{E(s)} \boxed{\dfrac{10(0.47s+1)}{s^2}} \xrightarrow{C(s)}$$

图4-17　Ⅱ型二阶系统的方框图

程序名：m4_3.m

```
clear
clc
Rv=1;
Ra=1;
num=[4.7,10];
den=[1,0,0];
Gopen=tf(num,den);
Kv=dcgain([num 0],den)
Ka=dcgain([num 0 0],den)
ess1=Rv/Kv                    %Ⅱ型二阶系统的单位斜坡响应误差
ess2=Ra/Ka                    %Ⅱ型二阶系统的单位抛物线响应误差
Gclose=feedback(Gopen,1,-1);
figure(1)
t=0:0.01:5;
u1=t;
lsim(Gclose,u1,t);            %Ⅱ型二阶系统的单位斜坡响应曲线
figure(2);
t=0:0.01:5;
l=length(t);
for i=1:l
u2(i)=t(i)^2/2;
end
lsim(Gclose,u2,t);            %Ⅱ型二阶系统的单位抛物线响应曲线
```

可以求出：

Ⅱ型二阶系统的单位斜坡响应静态速度误差系数 K_v =Inf；

Ⅱ型二阶系统的单位抛物线静态加速度误差系数 K_a =10。

从而求出：

Ⅱ型二阶系统的单位斜坡响应误差ess1 =0；

Ⅱ型二阶系统的单位抛物线响应误差ess2 =0.1。

响应曲线如图4-18和图4-19所示。

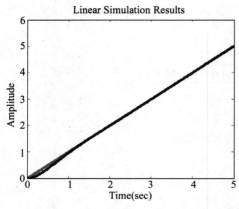

图 4-18 Ⅱ型二阶系统单位斜坡响应

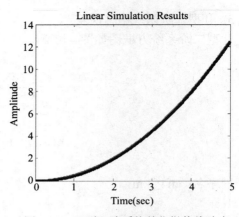

图 4-19 Ⅱ型二阶系统单位抛物线响应

4) 由干扰信号引起的稳态误差

Ⅰ型二阶系统的方框图如图 4-20 所示。

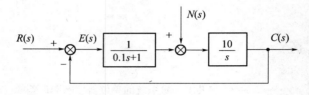

图 4-20 Ⅰ型二阶系统的方框图

程序名：m4_4.m

```
clear
clc
G1=tf(1,[0.1 1]);
G2=tf(10,[1 0]);
Rp=1;
Np=0.1;
Rs=tf(Rp,[1 0]);
Ns=tf(Np,[1 0]);
s=tf([1 0],1);
GH=G1*G2;
Kp=dcgain(GH);
essr=Rp/(1+Kp)                  %利用公式计算误差
Ger=feedback(1,G1*G2);          %输入信号作用下的误差传递函数
essr1=dcgain(s*Ger*Rs)          %根据终值定理计算
Gen=feedback(-G2,G1,1);         %扰动信号作用下的误差传递函数
essn1=dcgain(s*Gen*Ns)          %根据终值定理计算
```

从而求出：

Ⅰ型二阶系统的稳态误差 essr =0；

Ⅰ型二阶系统的输入信号稳态误差 essr1 =0;

Ⅰ型二阶系统的扰动误差 essn1 =−0.1000。

实验结果如图 4-21 所示。

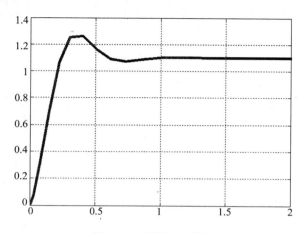

图 4-21　系统输出结果

五、实验报告要求

(1) 画出 0 型二阶系统的方框图和模拟电路图,并由实验测得系统在单位阶跃和单位斜坡信号输入时的稳态误差。

(2) 画出Ⅰ型二阶系统的方框图和模拟电路图,并由实验测得系统在单位阶跃和单位斜坡信号输入时的稳态误差。

(3) 画出Ⅱ型二阶系统的方框图和模拟电路图,并由实验测得系统在单位斜坡和单位抛物线函数作用下的稳态误差。

(4) 测量干扰信号引起的误差,分析稳态误差与干扰作用点的关系。

六、实验思考题

(1) 为什么 0 型系统不能跟踪斜坡输入信号?

(2) 为什么 0 型系统在阶跃信号输入时一定有误差存在?

(3) 为使系统的稳态误差减小,系统的开环增益应取大些还是小些?

(4) 分析系统的动态性能和稳态精度对开环增益 K 的要求有一致性吗? 设想一下, 工程中会如何处理可能出现的矛盾。

(5) 试探讨减小或消除稳态误差的途径。

实验五 线性系统的根轨迹法

一、实验相关知识

所谓根轨迹是指系统开环传递函数中的某个参数(如开环增益 K)从零到无穷变化时,闭环特征根在 s 平面上移动的轨迹。闭环传递函数的极点(即闭环传递函数的特征根)决定了整个系统是否稳定,对于稳定的系统,其暂态响应的性能又取决于闭环传递函数的零极点分布情况,在 MATLAB 中专门提供了有关根轨迹的函数:pzmap()用来绘制系统的零极点图;rlocus()用来求系统的根轨迹;rlocfind()用来计算给定一组根的根轨迹增益。

假设系统的传递函数为 $G(s)$,并且 $G(s)$ 可表示成如下零极点形式:

$$G(s) = \frac{K^* \prod_{i=1}^{m}(s - z_i)}{\prod_{j=1}^{n}(s - p_j)}$$

称 K^* 为系统的根轨迹增益。如果 $G(s)$ 为系统的开环传递函数,则称 K^* 为系统的开环根轨迹增益。

如果系统非零的零点和非零的极点分别为 $z_1, z_2, \cdots, z_{m_1}$ 和 $p_1, p_2, \cdots, p_{n_1}$,则系统的开环增益 K 与开环根轨迹增益 K^* 存在如下关系:

$$K = \frac{K^* \prod_{i=1}^{m_1}(-z_i)}{\prod_{j=1}^{n_1}(-p_j)}$$

系统的闭环极点与开环零点、开环极点以及根轨迹增益 K^* 均有关。

主导极点:主导极点是闭环极点中离虚轴最近,附近又无闭环零点的实数极点或共轭复数极点,对系统的动态性能影响最大,起着主要的作用。利用主导极点的概念,可以将高阶系统近似地降阶为低阶系统,来估算系统的动态性能。

一般来说,若在开环传递函数中增加极点,可以使根轨迹向右移动,从而降低系统的相对稳定性,增加系统响应的调整时间。而在开环传递函数中增加零点,可以使根轨迹向左移动,从而增加系统的相对稳定性,减少系统响应的调整时间。因此,掌握了在系统中增加极点和(或)零点对根轨迹的影响,就容易确定校正装置的零、极点位置,从而将根轨迹改变成所需的形状。

实验 5.1 控制系统的根轨迹

一、实验内容

1. **典型二阶系统开环传递函数为** $G_K(s) = \dfrac{K^*}{s^2 + 2s}$

试绘制系统的开环零极点图及闭环系统的根轨迹图。

```
num=[1];
den=[1 2 0];
sys=tf(num,den );
subplot(2,1,1),pzmap(sys)  %系统开环零极点图（图5-1）
subplot(2,1,2),rlocus(sys) %系统根轨迹图（图5-2）
```

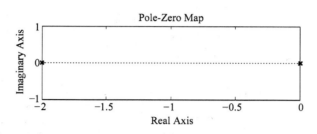

图 5-1　系统开环零极点

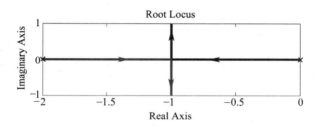

图 5-2　系统根轨迹

2. 单位负反馈系统开环传递函数为 $G_K(s) = \dfrac{K^*(s+4)}{s^2+4s+16}$

试绘制系统的开环零极点图及闭环系统的根轨迹图。

```
clear
num=[1 4];
den=[1 4 16];
sys=tf(num,den );
subplot(2,1,1),pzmap(sys)          %系统开环零极点（图5-3）
subplot(2,1,2),rlocus(sys)         %系统根轨迹图（图5-4）
```

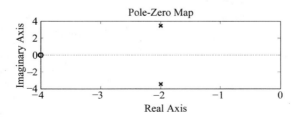

图 5-3　系统开环零极点

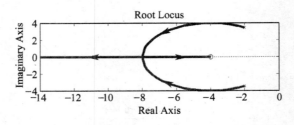

图 5-4　系统根轨迹

3. 单位负反馈系统开环传递函数为 $G_K(s) = \dfrac{K^*(s+6)}{s(s+8)(s+12)(s^2+4s+8)}$

试画出闭环系统的根轨迹图，并用 rlocfind() 函数寻找系统临界稳定时的增益值。

```
num=[1 6];
den=conv([1 0],conv([1 8],conv([1 12],[1 4 8])));
sys=tf(num,den );
rlocus(sys)                %系统根轨迹（图 5-5）
[k,poles]=rlocfind(sys)    %选取极点显示增益
Select a point in the graphics window
```

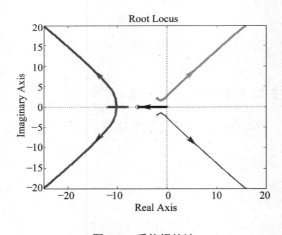

图 5-5　系统根轨迹

该程序执行之后在根轨迹图窗口上显示十字形光标，当系统临界稳定时，根轨迹应在负半平面分布，所以通过光标选取根轨迹与虚轴交点，其相应的增益由变量 K 记录，与增益相关的所有极点记录在变量 poles 中。

二、实验报告要求

(1) 记录各系统的根轨迹图。
(2) 分析闭环极点在 s 平面上的位置与系统动态性能的关系。

三、实验思考题

加入开环极点或开环零点对系统的根轨迹图有何影响？对系统性能有何影响？

实验 5.2　根轨迹校正

一、实验内容

MATLAB 提供了一个辅助设计闭环系统根轨迹的仿真软件 Rltool，可以用来进行根轨迹校正，不必进行烦琐的计算，只需进行简单的参数设置即可将系统闭环极点配置到满意的位置，而且便于校正环节的参数调整，非常适合于工程设计。

下面利用 Rltool 环境对形如实验 5.1 的内容 1 所描述的系统进行校正。

设某二阶被控系统的开环传递函数 $G(s) = \dfrac{10}{s(s+2)}$，结构图如图 5-6 所示。试选用合适的方法设计一个串联校正装置 $G_c(s)$，使得系统的阶跃响应曲线超调量 $\sigma\% < 15\%$，过渡过程时间 $t_s < 2\text{s}$，开环比例系数 $K > 10/s$。

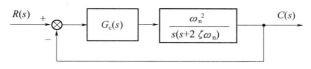

图 5-6　系统结构图

在 MATLAB Command Window 下键入下列语句：

```
num=[10];
den=[1 2 0];
sys=tf(num,den);
rltool(sys)
```

进入 Rltool 根轨迹设计及仿真界面。

校正前系统的根轨迹如图 5-7 所示，选择图中的 Tools 下拉菜单中的 Loop Responses 下的 Closed-Loop Step 可得系统的阶跃响应（图 5-8）。在图中单击右键可以得出系统的超调量 $\sigma\% = 35\%$，调节时间 t_s 为 3.54s，可见性能指标不满足设计要求。

下面计算期望的闭环主导极点位置。

分析：对于本例这种二阶系统，系统闭环阶跃响应的超调量 $\sigma\%$ 和过渡过程时间 t_s 与其传递函数的系数有着确定的关系。即便加入校正装置后成为了三阶或四阶系统，其主导极点和超调量 $\sigma\%$ 跟过渡过程时间 t_s 之间同样有着近似的函数关系。因此，通过配置系统闭环极点位置的根轨迹校正的方法是解决本类问题的最佳思路之一，而 Rltool 仿真环境提供了一些可视化操作手段，不必进行烦琐的计算，即可进行直观的设计和求解。

本例的求解可分为以下几个步骤：

(1) 输入被控系统并绘制其根轨迹。

(2) 根据系统根轨迹和阶跃响应评价其动态性能，并计算希望的闭环主导极点位置。

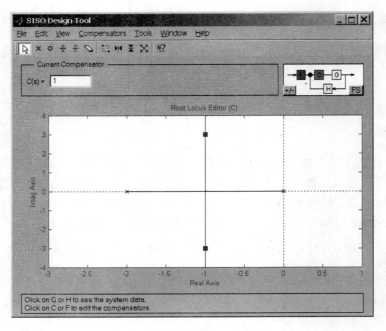

图 5-7　校正前系统的根轨迹

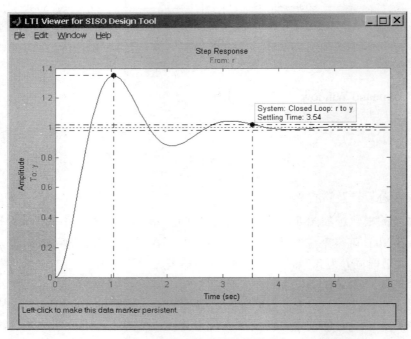

图 5-8　校正前系统的阶跃响应

提示：典型二阶系统闭环极点与动态性能指标的关系为

$$\sigma\% = e^{-\pi\zeta/\sqrt{1-\zeta^2}} \times 100\%$$

$$t_s = \frac{4}{\zeta\omega_n} \text{ 取 } \Delta = 2\%$$

$$s_{1,2} = -\zeta\omega_n \pm j\omega_n\sqrt{1-\zeta^2}$$

可以得到期望的闭环主导极点为：$s_{1,2} = -2 \pm j2\sqrt{2}$

(3) 系统校正前的根轨迹不通过希望的闭环极点，需要计算校正装置开环零极点位置并输入。

一般校正装置的传递函数为
$$G_c(s) = \frac{s-z}{s-p}$$

可根据一定的规则在 Rltool 仿真环境下不断试验，直到选出满意的参数，在本例中，希望系统的根轨迹向左弯曲，一般是在负实轴上设置一个零点和一个极点，并且极点在零点的左边，弯曲程度随着零极点间距离的增大而增大(根据经验，而非严格的定理)。考虑到物理可实现性，选择的零极点位置都落在实轴上，虚部为零。

选中图 5-7 中 Compensators 下拉菜单中 Edit C 得到图 5-9，在这里可以对校正环节 $G_c(s)$ 进行设计，改变增益，增删零极点，以改变根轨迹形状，对照观察系统阶跃响应、波特图等，不断试验直到达到满意的效果。

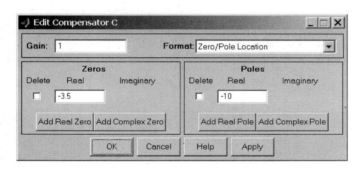

图 5-9　设计校正环节

提示：可初步选取串联校正装置的传递函数

$$G_c(s) = 2.22 \cdot \frac{(s+3.5)}{(s+10)} = 0.776 \cdot \frac{(0.29s+1)}{(0.1s+1)}$$

(4) 坐标轴设置及校正后根轨迹绘制。

(5) 根据响应曲线校验系统的性能指标。

实验效果参见图 5-10 和图 5-11。

(6) 若校正后的根轨迹已经通过希望的闭环主导极点，则应校验相应的开环比例系数是否满足要求，如果不满足，可采用在原点附近的负实轴上增加开环偶极子的方法来提高开环比例系数，同时保证根轨迹仍通过希望的主导极点。

(注意：此时不能通过增大校正环节的增益来提高开环比例系数，因为那样在改善系统静态性能的同时会影响原已校正好的动态性能。)

所谓偶极子，是指复平面上距离很近的一对零点和极点。增加在原点附近负实轴上的开环偶极子可以改变系统的开环增益，并且，如果系统的主导极点远离这对偶极子，系统的根轨迹就不会发生太大变化。因此加入偶极子可以在不影响系统动态性能的情况下改善系统的静态性能。

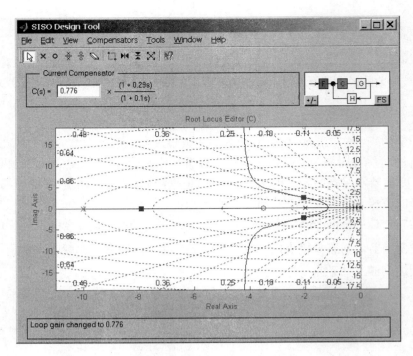

图 5-10 校正后系统的根轨迹

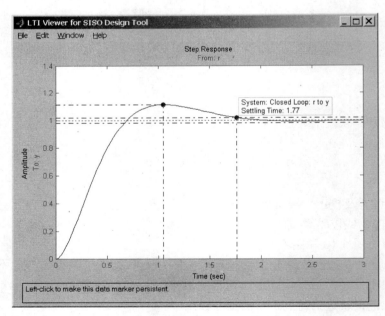

图 5-11 校正后系统的阶跃响应

本例中，加入校正环节后系统的开环传递函数为

$$G(s) = 3.88 \cdot \frac{(0.29s + 1)}{(0.1s + 1)} \cdot \frac{1}{s(0.5s + 1)}$$

开环比例系数 $K = 3.88 / s < 10 / s$。

为此加入偶极子来提高开环比例系数，加入偶极子 $\dfrac{(s+0.1)}{(s+0.02)}$ 后系统的校正装置传递函数为

$$G_c(s) = 3.88 \cdot \frac{(0.29s+1)}{(0.1s+1)} \cdot \frac{(s+0.1)}{(s+0.02)}$$

系统的开环传递函数为　$G(s) = 19.4 \cdot \dfrac{(0.29s+1)}{(0.1s+1)} \cdot \dfrac{(10s+1)}{(50s+1)} \cdot \dfrac{1}{s(0.5s+1)}$

开环比例系数 $K = 19.4/s > 10/s$。

(7) 校验闭环系统的静态和动态指标。

增加开环偶极子后系统实验结果如图 5-12 和图 5-13 所示。

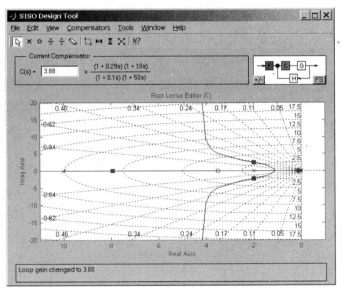

图 5-12　增加开环偶极子后系统的根轨迹

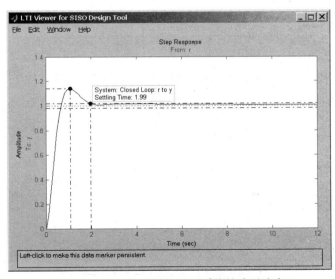

图 5-13　增加开环偶极子后系统的阶跃响应

在图 5-13 中可以得出系统的超调量 $\sigma\% = 14\%$，调节时间 t_s 为 1.99s，可以满足设计要求。

二、实验报告要求

(1) 记录原系统及加入校正环节后系统的闭环极点。
(2) 记录原系统及加入校正环节后系统瞬态响应并加以分析。

三、实验思考题

(1) 根轨迹法校正的原理是什么？
(2) 什么是主导极点？在什么情况下可以用主导极点法设计校正装置？
(3) 用主导极点法校正系统时，如何确定采用何种校正装置？

实验 5.3 线性定常系统仿真环境 LTI Viewer

MATLAB 提供了一个线性定常系统的可视化仿真环境 LTI Viewer。在该环境下可以从 MATLAB Workspace 或 Simulink 中输入系统的模型，根据不同要求绘制其阶跃响应曲线、脉冲响应曲线、Bode 图、Nyquist 图和 Nicols 图等，从不同的曲线中，还可以求取各种性能指标参数，例如调节时间、超调量、幅值裕度、相位裕度、谐振峰值等。

LTI Viewer 内容丰富、功能强大，这里仅通过一个简单的例子使读者对 LTI Viewer 环境有一个初步的认识，不做深入介绍，有兴趣的读者可参考相关书籍或 MATLAB 说明文档进行学习。

例 5.3.1 某单位负反馈控制系统开环传递函数为：

$$G(s) = \frac{10}{s(s+2)}$$

试在 LTI Viewer 环境下分析其各项性能指标。
在 MATLAB Command Window 下键入下列语句：

```
num=[10];
den=[1 2 0];
[nc,dc]=cloop(num,den,-1)
sys=tf(nc,dc)
ltiview(sys)              %进入 LTI Viewer（图 5-14）
```

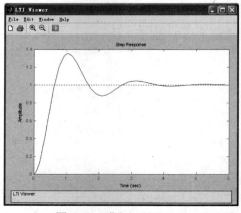

图 5-14 进入 LTI Viewer

单击 Edit 下的 Plot Configurations 选项，选择所要绘制的曲线（图 5-15）。

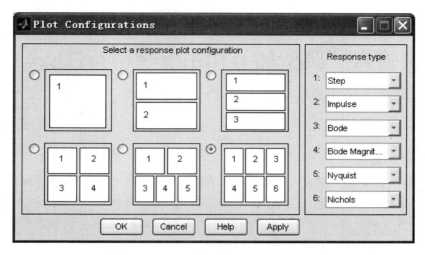

图 5-15　Plot Configurations 界面

输出结果如图 5-16 所示。

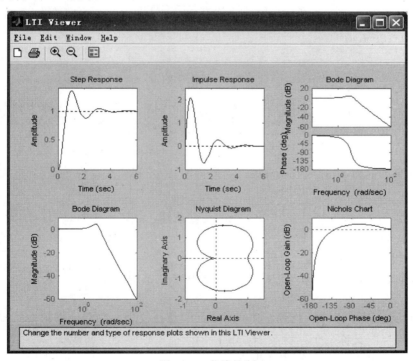

图 5-16　曲线绘制

将鼠标指针移至 LTI Viewer 的图形窗口，单击鼠标右键，选择 Characteristics 选项可以获取相应图形中的一些特性信息。

实验六　典型环节和系统频率特性实验

一、实验相关知识

1. 频率特性的概念

频率响应是指系统对正弦输入信号的稳态响应。如图 6-1 所示，对线性定常系统，当输入正弦信号 $A_r \sin \omega t$ 时，将会输出同频率的正弦信号 $A_c \sin(\omega t + \varphi)$，不断改变输入信号频率 ω，当 ω 从 $0 \to +\infty$ 变化时，输出与输入正弦幅值之比 A_c / A_r 以及相位差 φ 将随之变化。

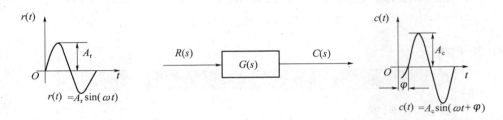

图 6-1　频率响应

在正弦输入信号作用下，系统输出的稳态分量与输入量的复数之比称为频率特性。一般用 $G(j\omega)$ 表示。相应稳态输出幅值与输入幅值之比随输入信号频率变化的关系特性称为幅频特性，记为 $A(\omega)$ 或 $|G(j\omega)|$；其稳态输出与输入信号的相位差随输入信号频率变化的关系特性称为相频特性，记为 $\varphi(\omega)$ 或 $\angle G(j\omega)$。幅频特性 $A(\omega)$ 和相频特性 $\varphi(\omega)$ 统称为系统或环节的频率特性。

和传递函数一样，频率特性反映了系统的运动规律，加之频率特性可以用图形方式表达，又可通过实验获得，因此为控制系统的分析和设计提供了新的途径。

2. 频率特性的几何表示法

频率特性的表达方法有解析表达式和几何表达法。常用的几何表达法有：

1) 极坐标图

当 ω 从 $0 \to +\infty$ 时，$G(j\omega)$ 作为一个矢量，其端点在复平面相对应的轨迹就是频率特性的极坐标图。极坐标图又称奈奎斯特图(Nyquist 图)或幅相频率特性曲线。

优点：可在一张图上表示幅值及相位。

缺点：几个串联环节的极坐标图，要按复数相乘等于幅值相乘幅角相加的原则，计算出总的幅值和相位角，然后绘图，不能简单地叠加。

2) 对数坐标图

对数坐标图是将幅值对频率的关系和相位对频率的关系分别画在两张图上，用半对数坐标纸绘制，频率坐标按对数分度，幅值和相角坐标则以线性分度。对数坐标图又称波特图(Bode 图)或对数频率特性曲线。

波特图幅值所用的单位分贝(dB)定义为

$$n(\text{dB}) = 20\lg N$$

若 $\omega_2 = 10\omega_1$，则称从 ω_1 到 ω_2 为十倍频程，以"dec."(decade)表示。

采用对数坐标图有如下优点：

(1) 由于频率坐标按照对数分度，可以展宽低频段，压缩高频段，并可以合理利用纸张，以有限的纸张空间表示很宽的频率范围。

(2) 由于幅值采用分贝作单位，故可简化乘除运算为加减运算。

(3) 幅频特性往往用折线近似曲线，系统的幅频特性用组成该系统各环节的幅频特性折线叠加，使作图非常方便。

3. 典型环节的频率特性曲线

典型环节的频率特性曲线的形状及特点是绘制系统开环频率特性的基础。表 6-1 给出了各种典型环节的极坐标图和对数坐标图。

表 6-1　典型环节频率特性一览表

序号	典型环节频率特性	奈奎斯特图	波特图
1	比例环节 K	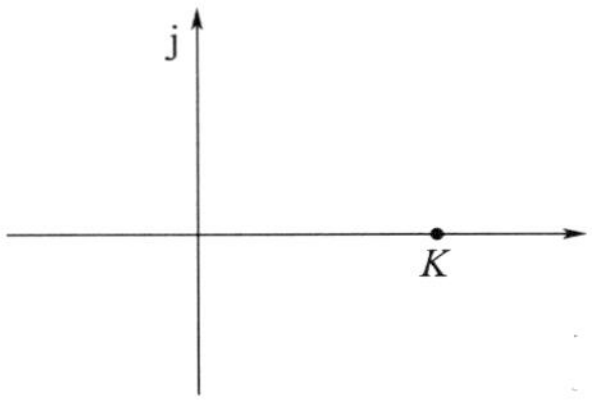	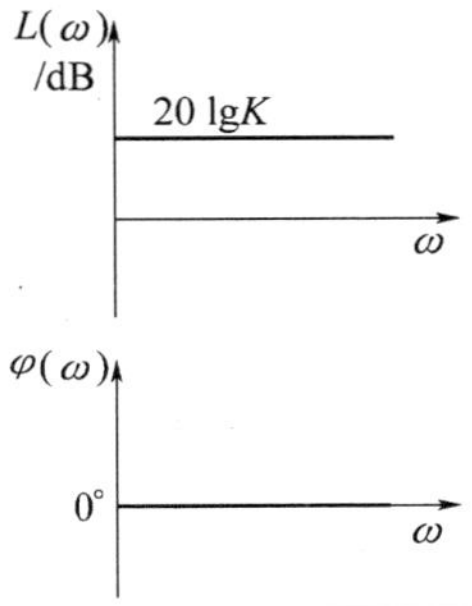
2	积分环节 $\dfrac{1}{j\omega}$	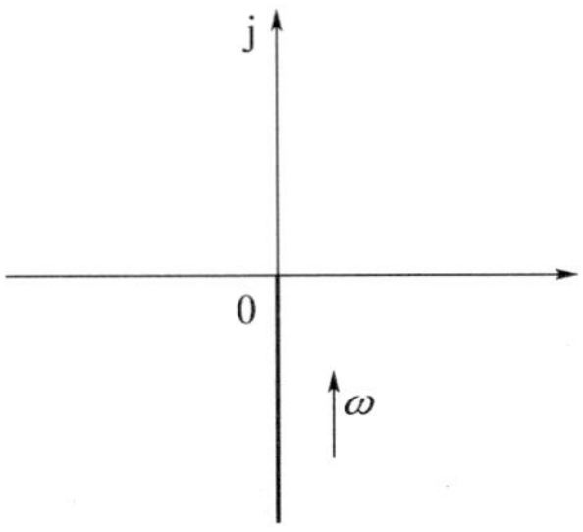	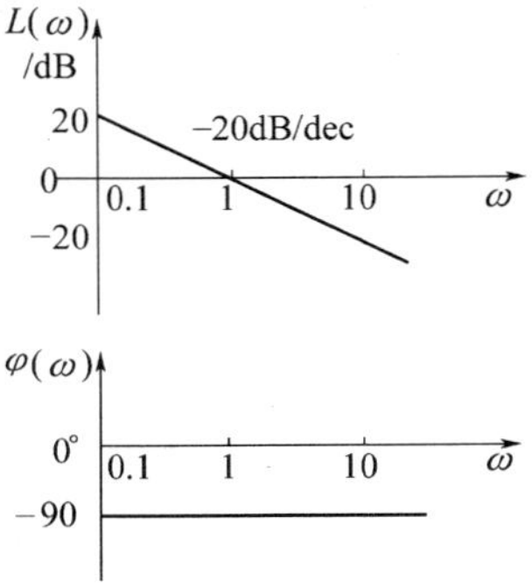
3	微分环节 $j\omega$	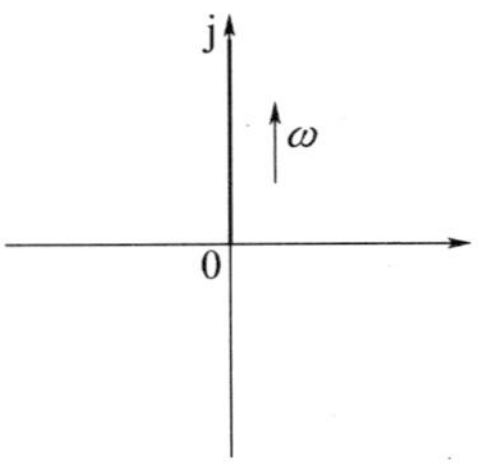	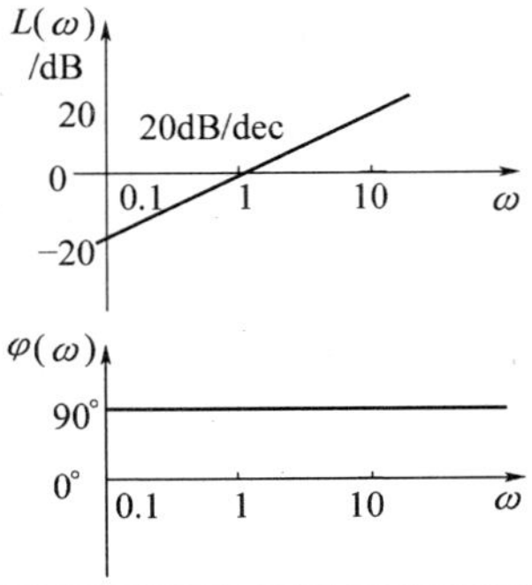

序号	典型环节频率特性	奈奎斯特图	波特图
4	惯性环节 $\dfrac{1}{1+jT\omega}$		
5	一阶微分环节 $1+jT\omega$		
6	二阶振荡环节 $\dfrac{1}{1-\left(\dfrac{\omega}{\omega_n}\right)^2+j2\zeta\dfrac{\omega}{\omega_n}}$		

序号	典型环节频率特性	奈奎斯特图	波特图
7	二阶微分环节 $1-\left(\dfrac{\omega}{\omega_n}\right)^2+j2\zeta\dfrac{\omega}{\omega_n}$		
8	延迟环节 $e^{-j\omega\tau}$		

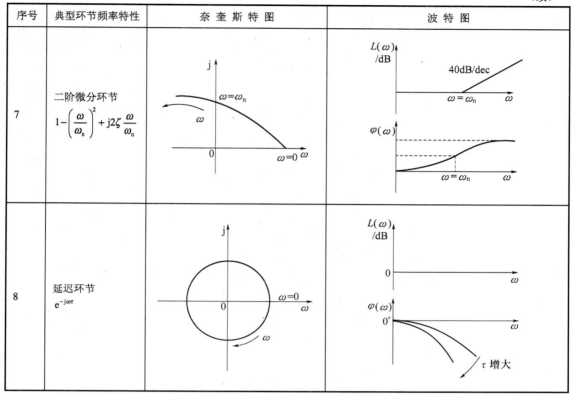

凡传递函数中含有右极点、右零点的系统或环节，称之为非最小相位系统或环节；而传递函数中没有右极点、右零点的系统或环节称为最小相位系统或环节。对最小相位系统或环节来说，其幅频特性与相频特性之间有唯一的对应关系。以上各典型环节中，延迟环节属于非最小相位环节。

4. 频率域稳定判据

1）奈奎斯特(Nyquist)稳定判据

闭环控制系统稳定的充要条件是，当 ω 从 $0\rightarrow+\infty$ 变化时，开环幅相频率特性曲线 $G(j\omega)H(j\omega)$ 逆时针方向包围$(-1,j0)$点 $\dfrac{p}{2}$ 圈。p 为位于右半 s 平面的开环极点数。

若系统开环稳定，即 $p=0$ 时，开环幅相频率特性曲线不包围$(-1,j0)$点，则系统闭环稳定。

2）对数频率稳定判据

若系统开环传递函数存在 p 个位于右半 s 平面的开环极点，则系统闭环稳定的充分必要条件为：在对数幅频特性曲线 $L(\omega)\geqslant0$ 的所有频率范围内，对数相频特性曲线 $\varphi(\omega)$对$-180°$线的正负穿越次数之差等于 $\dfrac{p}{2}$(由下往上穿越$-180°$线为正穿越，反之为负穿越；由$-180°$线开始往上称为半个正穿越，反之称为半个负穿越)。

若系统开环稳定，即 $p=0$ 时，闭环系统稳定的充分条件为：在开环对数幅频特性曲线 $L(\omega)\geqslant0$ 的所有频率范围内，开环对数相频特性曲线 $\varphi(\omega)$不穿越$-180°$线。

57

应用频率域稳定判据不需要求取闭环系统的特征根，而是通过应用分析法或频率特性实验法获得开环频率特性曲线，进而分析闭环系统的稳定性。这种方法在工程上获得了广泛的应用，其原因之一，是当系统某些环节的传递函数无法用分析法列写时，可以通过实验来获得这些环节的频率特性曲线。整个系统的开环频率特性曲线也可利用实验获得，进而可分析系统闭环后的稳定性；其原因之二，是频率域稳定判据可以解决诸如包含延迟环节的系统稳定性问题。另外，频率域稳定判据还能定量指出系统的稳定裕度。以及进一步提高和改善系统动态性能(包括稳定性)的途径。

5. 稳定裕度

1) 相位裕度 γ

当 ω 等于截止频率 $\omega_c(\omega_c > 0)$ 时，开环相频特性距-180°线的相位差为

$$\gamma = 180^\circ + \angle G(j\omega_c)H(j\omega_c)$$

式中，ω_c 满足 $|G(j\omega_c)H(j\omega_c)| = 1$。

2) 幅值裕度 h 或 $h(\mathrm{dB})$

当 ω 为相位截止频率 ω_x 时，开环幅频特性 $|G(j\omega)|$ 的倒数，称为幅值裕度。即

$$h = \left| \frac{1}{G(j\omega_x)} \right|$$

在波特图上，幅值裕度用分贝(dB)表示。

$$h(\mathrm{dB}) = 20\lg h = 20\lg \left| \frac{1}{G(j\omega_x)} \right| = -20\lg |G(j\omega_x)|$$

当相位裕度 $\gamma > 0$，幅值裕度 $h(\mathrm{dB}) > 0$(即 $h > 1$)时，系统稳定。

式中，ω_x 满足

$$\angle G(j\omega_g)H(j\omega_g) = -180^\circ$$

相位裕度 γ 和幅值裕度 h 的定义见图 6-2：

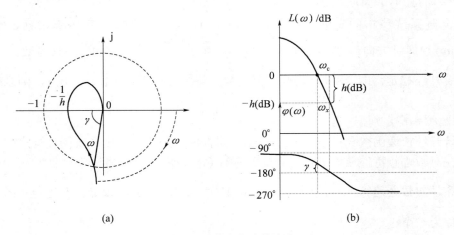

图 6-2   稳定裕度的定义

(a) $h > 1, r > 0$；(b) $h(\mathrm{dB}) > 0, r > 0$。

相位裕度和幅值裕度单独使用都不足以说明系统的稳定程度，有时必须同时给出 γ 与 h 来说明系统的稳定程度。相位裕度和系统阻尼有直接关系，因此往往被作为系统动态性能设计指标之一。工程实际中，为了既保证系统具有足够的稳定性，又能得到较为满意的动态性能，一般希望：

相位裕度：$\gamma = 30° \sim 70°$

幅值裕度：$h(\text{dB}) > 6\text{dB}$ 即 $h > 2$

6. 频域性能指标及其与时域性能指标的关系

1) 开环频率特性性能指标

对于单位负反馈的最小相位系统(开环系统无右半 s 平面的零极点)，系统开环波特图能够确切地给出闭环系统的稳定性、稳定裕度等信息，而且还能近似估算闭环系统动态和稳态特性，在定性分析闭环系统性能时，通常将系统开环对数幅频特性曲线大致分成低、中、高三个频段（图 6-3）。

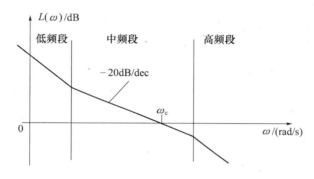

图 6-3　理想的开环传递函数的幅频特性

(1) 低频段：在对数频率特性图中，低频段通常是指 $L(\omega)$ 曲线在第一个转折频率以前的区段。此段的特性由开环传递函数中的积分环节和开环放大系数决定。低频段的斜率越陡，增益越大，则系统的稳态精度越高。如系统要达到对斜坡输入无差，则 $L(\omega)$ 线低频段斜率应为 $-40\ \text{dB/dec}$。

(2) 中频段：中频段是指 $L(\omega)$ 线在截止频率 ω_c 附近的区域。对于最小相位系统(即开环传递函数中无右半 s 平面的零极点)，若开环对数幅频特性曲线的斜率为 $-20 \times \upsilon\,\text{dB/dec}$，则对应的相角为 $-90° \times \upsilon$。中频段幅频特性在 ω_c 处的斜率，对系统的相位稳定裕度 γ 有很大的影响，为保证相位稳定裕度 $\gamma > 0$，中频段斜率应取 -20dB/dec，而且应占有一定的频域宽度。要提高系统的快速性，则应提高穿越频率 ω_c。

(3) 高频段：高频段通常是指 $L(\omega)$ 曲线在 $\omega > 10\omega_c$ 以后的区域，高频段的斜率要比低频段的斜率还要陡，且 $L(\omega) \ll 0$，以提高系统抑制高频干扰的能力。

2) 闭环频率特性性能指标

设 $\phi(j\omega)$ 为闭环频率特性，曲线如图 6-4 所示。常见的闭环频域性能指标有：零频幅值 $M(0)$、谐振频率 ω_r 及谐振峰值 M_r 和带宽频率 ω_b。

(1) 零频幅值 $M(0)$：是指频率等于 0 时的闭环对数幅值，即 $20\lg|\phi(j0)|$，零频幅值反映了系统的稳态精度。

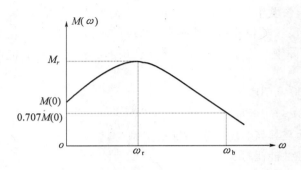

图 6-4　闭环频率特性性能指标

(2) 谐振频率 ω_r 及谐振峰值 M_r：幅频特性 M_ω 出现最大值 M_r 时的频率称为谐振频率 ω_r，对数幅频特性的最大值称为谐振峰值 M_r。峰值越大，意味着系统的阻尼比越小，平稳性越差，阶跃响应将有较大的超调量。

(3) 带宽频率 ω_b：当闭环对数幅频特性的分贝值，相对 $20\lg|\phi(\text{j}0)|$ 值下降 3dB，即衰减到 $0.707M(0)$ 时的对应频率 ω_b，称为带宽频率。带宽频率的范围称带宽，即 $0 < \omega \leqslant \omega_b$。带宽频率范围越大，表明系统复现快速变化信号的能力越强，失真小，系统快速性好，阶跃响应上升时间和调节时间短。但另一方面系统抑制输入端高频噪声的能力相应削弱。

3) 频域性能指标和时域性能指标的关系

典型二阶系统的频域性能指标和时域性能指标之间存在解析关系。

(1) 开环频率特性指标：

开环截止频率
$$\omega_c = \omega_n \sqrt{\sqrt{4\zeta^4 + 1} - 2\zeta^2}$$

相位裕度
$$\gamma = \arctan \frac{2\zeta}{\sqrt{\sqrt{4\zeta^4 + 1} - 2\zeta^2}}$$

幅值裕度
$$h = \infty$$

(2) 闭环频率特性指标：

谐振峰值
$$M_r = \frac{1}{2\zeta\sqrt{1-\zeta^2}} \qquad (0 < \zeta \leqslant \frac{\sqrt{2}}{2})$$

谐振频率
$$\omega_r = \omega_n \sqrt{1 - 2\zeta^2} \qquad (0 < \zeta \leqslant \frac{\sqrt{2}}{2})$$

带宽频率
$$\omega_b = \omega_n \sqrt{1 - 2\zeta^2 + \sqrt{2 - 4\zeta^2 + 4\zeta^4}}$$

高阶系统的谐振峰值 M_r 的确定，在工程上常采用下述经验公式：

$$M_r \approx \frac{1}{|\sin\gamma|}$$

对于高阶系统，频域指标和时域指标不存在解析关系，通过对大量系统的研究，归纳为下述两个近似估算时域指标公式：

$$\sigma\% = 0.16 + 0.4\left(\frac{1}{\sin\gamma} - 1\right) \qquad (35° \leqslant \gamma \leqslant 90°)$$

$$t_s = \frac{K_0\pi}{\omega_c}$$

式中 $\qquad K_0 = 2 + 1.5\left(\frac{1}{\sin\gamma} - 1\right) + 2.5\left(\frac{1}{\sin\gamma} - 1\right)^2 \qquad (35° \leqslant \gamma \leqslant 90°)$

应用上述经验公式估算高阶系统的时域指标一般偏于保守,即实际性能比估算结果要好。

二、实验目的

(1) 了解典型环节和系统的频率特性曲线的测试方法,理解频率特性的物理意义。
(2) 学习根据实验求得的频率特性曲线求取相应的系统传递函数的方法。

三、实验原理

当正弦信号作用于稳定的线性系统时,系统输出的稳态分量依然为同频率的正弦信号,只是幅值与相位与输入信号不同,这种过程称为系统的频率响应。

输入信号为一组频率不同的正弦信号(扫频信号),可以以如下格式记录系统的输出响应。根据实验结果可以绘制出系统的对数频率特性曲线。对该曲线进行折线的线性逼近,所得即为 Bode 图渐近线,从而可以得到实验系统的频率特性和传递函数表达式。

f(Hz)	0.25	0.5	1	2	4	6	8	10	15	20
ω/(rad/s)										
$A(\omega)$										
$L(\omega)$										
$\varphi(\omega)$										

四、实验内容

1. 模拟电路实验方案

1) 惯性环节

惯性环节方框图和模拟电路图如图 6-5 和图 6-6 所示。

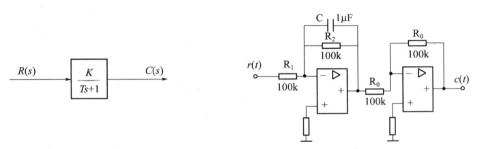

图 6-5　惯性环节方框图　　　　图 6-6　惯性环节的模拟电路图

传递函数为

$$G(s) = \frac{C(s)}{R(s)} = \frac{K}{Ts+1} = \frac{1}{0.1s+1}$$

其频率特性为

$$G(j\omega) = \frac{K}{Tj\omega+1}$$

幅频特性为

$$A(\omega) = |G(j\omega)| = \frac{K}{\sqrt{(T\omega)^2+1}}$$

相频特性为

$$\varphi(\omega) = -\arctan T\omega$$

实验结果如图 6-7 和图 6-8 所示。

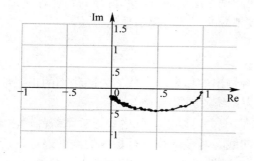

图 6-7　惯性环节的幅相频率特性

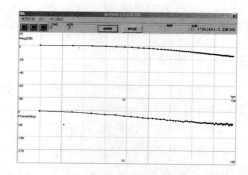

图 6-8　惯性环节的对数幅相频率特性

2)　由两个惯性环节组成的二阶系统

系统方框图和模拟电路图如图 6-9 和图 6-10 所示。

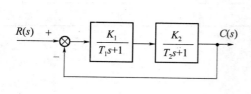

图 6-9　方框图

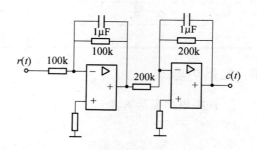

图 6-10　模拟电路图

对于由两个惯性环节组成的二阶系统，其开环传递函数为

$$G(s) = \frac{K}{(T_1s+1)(T_2s+1)} = \frac{K}{T^2s^2+2\zeta Ts+1} \qquad (\zeta \geqslant 1)$$

式中 $T^2 = T_1 \times T_2, 2\zeta T = T_1 + T_2$。

令上式中 $s = j\omega$，可以得到对应的频率特性

$$G(\mathrm{j}\omega) = \frac{K}{-T^2\omega^2 + \mathrm{j}2\zeta T\omega + 1}$$

幅频特性为
$$A(\omega) = |G(\mathrm{j}\omega)| = \frac{K}{\sqrt{(1-T^2\omega^2)^2 + 4\zeta^2 T^2\omega^2}}$$

相频特性为
$$\varphi(\omega) = -\arctan\frac{2\zeta T\omega}{1-T^2\omega^2}$$

实验结果如图 6-11 和图 6-12 所示。

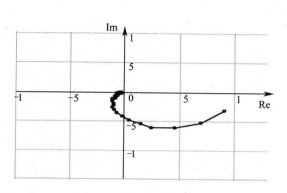

图 6-11 开环幅相频率特性

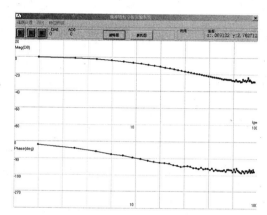

图 6-12 开环对数幅相频率特性

3) 典型二阶系统

系统方框图和模拟电路图如图 6-13 和图 6-14 所示。

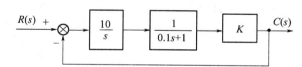

图 6-13 方框图

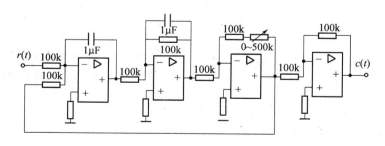

图 6-14 模拟电路图

系统传递函数为

$$\phi(s) = \frac{\omega_{\mathrm{n}}^2}{s^2 + 2\zeta\omega_{\mathrm{n}}s + \omega_{\mathrm{n}}^2}$$

63

则其频率特性为

$$\phi(\mathrm{j}\omega) = \frac{\omega_n^2}{-\omega^2 + 2\zeta\omega_n\mathrm{j}\omega + \omega_n^2}$$

幅频特性为

$$A(\omega) = \sqrt{\frac{\omega_n^4}{(\omega_n^2 - \omega^2)^2 + 4\zeta^2\omega_n^2\omega^2}}$$

相频特性为

$$\varphi(\omega) = -\arctan\frac{2\zeta\dfrac{\omega}{\omega_n}}{1 - \dfrac{\omega^2}{\omega_n^2}}, \quad \omega \leqslant \omega_n$$

$$\varphi(\omega) = -\left(\pi - \arctan\frac{2\zeta\dfrac{\omega}{\omega_n}}{\dfrac{\omega^2}{\omega_n^2} - 1}\right), \quad \omega > \omega_n$$

实验结果如图 6-15 和图 6-16 所示。

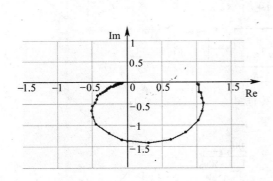

图 6-15　闭环幅相频率特性

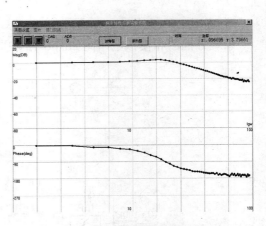

图 6-16　闭环对数幅相频率特性

2. MATLAB 软件仿真实验方案

1) 惯性环节

惯性环节方框图如图 6-17 所示。

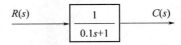

图 6-17　惯性环节方框图

程序名：m6_1.m

num=[1];

den=[0.1 1];

figure(1)

bode(num,den)   %此函数为对数频率特性作图函数，即Bode图

figure(2)

nyquist(num,den)   %此函数为奈奎斯特曲线作图命令，即极坐标图，MATLAB绘制的Nyquist图对应角频率 ω
的范围是 $-\infty \sim +\infty$

程序运行结果：惯性环节的Bode图和Nyquist曲线图如图6-18和图6-19所示。

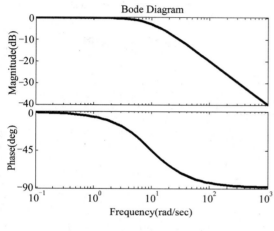

图 6-18　惯性环节 Bode 图

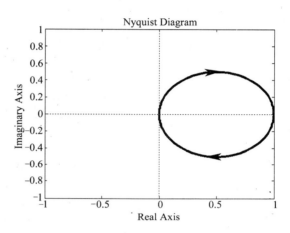

图 6-19　惯性环节 Nquist 图

2) 两个惯性环节组成的二阶系统

系统方框图如图 6-20 所示。

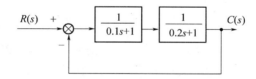

图 6-20　两个惯性环节组成的二阶系统方框图

程序名：m6_2.m

num=[1];

den=[0.02 0.3 1];

figure(1)

bode(num,den)   %此函数为对数频率特性作图函数，即Bode图

figure(2)

nyquist(num,den)   %此函数为奈奎斯特曲线作图命令，即极坐标图

程序运行结果：两个惯性环节的开环Bode图和Nyquist曲线图如图6-21和图6-22所示。

3) 典型二阶系统

系统方框图如图 6-23 所示。

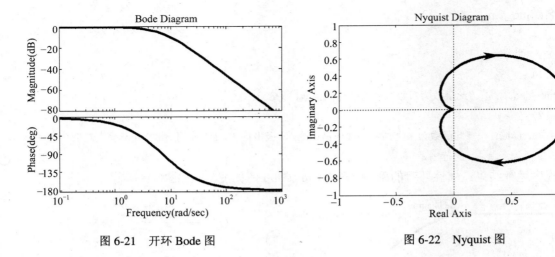

图 6-21　开环 Bode 图　　　　　　　　　　　图 6-22　Nyquist 图

图 6-23　典型二阶系统方框图

程序名：m6_3.m

```
num=[30];              %K取3
den=[0.1 1 0];
figure(1)
bode(num,den)     %此函数为对数频率特性作图函数，即Bode图
margin(num,den)   %此函数能在Bode图上标注幅值裕度Gm和对应的频率wg,相位裕度Pm和对应的频率wp
grid on
figure(2)
nyquist(num,den)              %此函数为奈奎斯特曲线作图命令，即极坐标图
[nc,dc]=cloop(num,den,-1);   %此函数能得到闭环系统的数学模型，-1表示单位负反馈
figure(3)
bode(nc,dc)
[m,p,w]=bode(nc,dc);
mr=max(m)
wr=spline(m,w,mr)            %此函数为差值函数，找出系统稳定的临界增益
```

程序运行结果：典型二阶系统的Bode图和Nyquist曲线图如图6-24、图6-25和图6-26所示。

4) ω_n、ζ 取不同值对典型二阶系统频率特性的影响

典型二阶系统

$$\phi(s)=\frac{\omega_n^2}{s^2+2\zeta\omega_n s+\omega_n^2}$$

(1) 绘制当 $\omega_n=10$，ζ 取不同值时的 Bode 图。

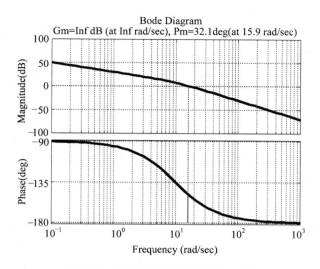

图 6-24　典型二阶系统开环 Bode 图

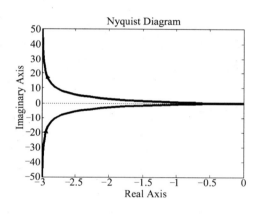

图 6-25　典型二阶系统 Nyquist 图

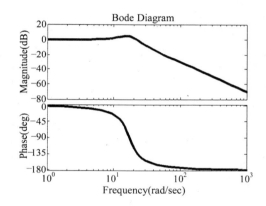

图 6-26　典型二阶系统闭环 Bode 图

程序名：m6_4.m

```
wn=10;
w=logspace(0.1,2,300);    %此函数为对数分度向量，300为等分数
for k=0.1:0.1:1;
num=wn^2;
den=[1 2*k*wn wn^2];
sys=tf(num,den);
bode(sys,w);
hold on;
end
grid on
```

　　图6-27中曲线由上到下对应的阻尼比由小到大，可以看出当阻尼比较小时，系统频率响应在自然频率附近将出现较强的振荡。

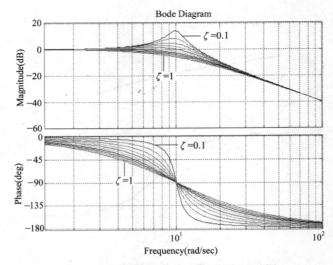

图 6-27　不同阻尼比对应的系统 Bode 图

(2) 绘制当 $\zeta = 0.707$ ，ω_n 取不同值时的Bode图。

程序名：m6_5.m

```
k=0.707;
w=logspace(0.1,2,200);    %此函数为对数分度向量，200为等分数
for wn=1:1:10;
num=wn^2;
den=[1 2*k*wn wn^2];
sys=tf(num,den);
bode(sys,w);
hold on;
end
grid on
```

程序执行结果如图6-28所示。

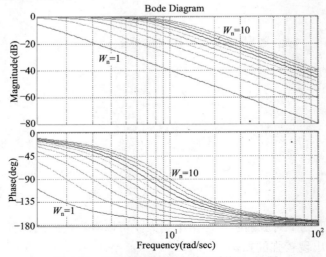

图 6-28　不同自然频率对应的系统 Bode 图

68

五、实验报告要求

(1) 写出被测环节和系统的传递函数，并画出相应的模拟电路图。

(2) 根据实验所测数据分别作出响应的幅频和相频特性曲线。

(3) 根据由实验所测数据确定系统的传递函数。

(4) 分析实验数据，就理论值与实测值产生的误差进行分析，并说明原因。

(5) 根据典型二阶系统的闭环幅频特性曲线，求取系统的带宽频率、谐振频率和谐振峰值，并与理论计算的结果进行比较。

(6) 记录用 MATLAB 绘制的开环频率特性曲线，并与近似绘制的折线图相比较。

六、实验思考题

(1) 根据实验测得的 Bode 图的幅频特性，就能确定系统(或环节)的相频特性，这在什么系统时才能实现？

(2) 加入开环极点或开环零点对系统的 Bode 图有何影响？对系统性能有何影响？

(3) 典型二阶系统中 ζ 和 ω_n 的变化对系统的幅值裕度、相位裕度的影响如何？

(4) 典型二阶系统的频域指标与时域指标的对应关系是什么？

实验七　系统校正

一、实验相关知识

当控制系统的稳定性、响应速度和稳态误差等指标不符合设计要求时，就需要进行校正。通常可采用根轨迹校正或频率法校正，校正中常用的性能指标有频域指标和时域指标，当性能指标以超调量$\sigma\%$、调节时间t_s、静态位置误差系数K_p、静态速度误差系数K_v、静态加速度误差系数K_a等时域特征量给出时，一般采用根轨迹校正；如果性能指标以谐振峰值M_r、谐振频率ω_r、带宽频率ω_b、截止频率ω_c、相位裕度γ、幅值裕度h等频域特征量给出时，一般采用频率法校正。

典型二阶系统频域指标和时域指标有严格的定量对应关系，高阶系统通常通过近似公式计算。

如图 7-1 所示，控制系统中常用的校正方式分为串联校正、反馈校正、前置校正和复合校正四种。实际中最常用的校正方式是串联校正和反馈校正。

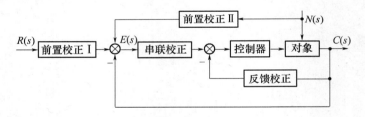

图 7-1　常用校正方式

表 7-1 示出了部分常用无源校正装置实用线路与特性，表 7-2 示出了部分常用有源校正装置实用线路与特性。

表 7-1　部分无源校正装置实用线路与特性

校正装置线路图	传递函数 $G_c(s)=\dfrac{C(s)}{R(s)}$	对数频率特性图	主要参数
超前校正	$G_c(s)=\dfrac{1}{\alpha}\cdot\dfrac{\alpha Ts+1}{Ts+1}$ $T=\dfrac{R_1R_2}{R_1+R_2}\cdot C$ $\alpha=\dfrac{R_1+R_2}{R_2}>1$		$\omega_m=\dfrac{1}{\sqrt{\alpha T}}$ $\varphi_m=\arcsin\dfrac{\alpha-1}{\alpha+1}$ $\alpha=\dfrac{1+\sin\varphi_m}{1-\sin\varphi_m}$

校正装置线路图	传递函数 $G_c(s)=\dfrac{C(s)}{R(s)}$	对数频率特性图	主要参数
滞后校正	$G_c(s)=\dfrac{\beta Ts+1}{Ts+1}$ $T=(R_1+R_2)C$ $\beta=\dfrac{R_2}{R_1+R_2}<1$		$\omega_m=\dfrac{1}{\sqrt{\beta}T}$ $\varphi_m=\arcsin\dfrac{1-\beta}{1+\beta}$
滞后—超前校正	$G_c(s)=\dfrac{(T_1s+1)(T_2s+1)}{T_1T_2s^2+(T_1+T_2+T_{12})s+1}$ $=\dfrac{T_1s+1}{\alpha T_1s+1}\cdot\dfrac{T_2s+1}{\dfrac{T_2}{\alpha}s+1}$ $T_1=R_1C_1 \quad T_2=R_2C_2$ $T_{12}=R_1C_2$ $T_1'T_2'=T_1T_2$ $T_1'+T_2'=T_1+T_2+T_{12}$ $\alpha=\dfrac{T_1'}{T_1}=\dfrac{T_2}{T_2'}>1$ $T_1>T_2$		$\omega_{m-}=\dfrac{1}{\sqrt{\alpha}T_1}$ （最大负相移频率） $\omega_e=\dfrac{1}{\sqrt{T_1T_2}}$ （零相移频率） $\omega_{m+}=\dfrac{\sqrt{\alpha}}{T_2}$ （最大正相移频率）

表 7-2 部分有源校正装置实用线路与特性

校正装置线路图	传递函数 $G_c(s)=\dfrac{C(s)}{R(s)}$	对数频率特性图	主要参数
超前校正	$G_c(s)=K_c\left(\dfrac{\alpha Ts+1}{Ts+1}\right)$ $K_c=\dfrac{R_3}{R_1}$ $T=R_2C$ $\alpha=\dfrac{R_1+R_2}{R_2}>1$		$\omega_m=\dfrac{1}{\sqrt{\alpha}T}$ $\varphi_m=\arcsin\dfrac{\alpha-1}{\alpha+1}$ $\alpha=\dfrac{1+\sin\varphi_m}{1-\sin\varphi_m}$
滞后校正	$G_c(s)=K_c\left(\dfrac{\beta Ts+1}{Ts+1}\right)$ $K_c=\dfrac{R_3}{R_1}$ $T=(R_2+R_3)C$ $\beta=\dfrac{R_2}{R_2+R_3}<1$		$\omega_m=\dfrac{1}{\sqrt{\beta}T}$ $\varphi_m=\arcsin\dfrac{1-\beta}{1+\beta}$

（续）

	校正装置线路图	传递函数 $G_{\mathrm{c}}(s) = \dfrac{C(s)}{R(s)}$	对数频率特性图	主要参数
滞后—超前校正	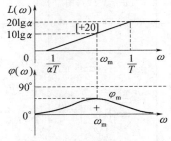	$G_{\mathrm{c}}(s) = K_{\mathrm{c}}\left(\dfrac{T_1 s + 1}{\alpha T_1 s + 1} \cdot \dfrac{T_2 s + 1}{T_2 s / \alpha + 1}\right)$ $K_{\mathrm{c}} = \dfrac{R_2 + R_3}{R_1}$ $T_1 = \dfrac{R_2 R_3}{R_2 + R_3} \cdot C_1 \quad T_2 = (R_3 + R_4)C_2$ $\alpha = \dfrac{R_2 + R_3}{R_3} = \dfrac{R_3 + R_4}{R_4} > 1$	（图：$K_{\mathrm{c}} = 1$）	$\omega_{\mathrm{m}-} = \dfrac{1}{\sqrt{\alpha}\, T_1}$ （最大负相移频率） $\omega_{\mathrm{e}} = \dfrac{1}{\sqrt{T_1 T_2}}$ （零相移频率） $\omega_{\mathrm{m}+} = \dfrac{\sqrt{\alpha}}{T_2}$ （最大正相移频率）

二、实验目的

(1) 熟悉串联校正装置的结构和特性。

(2) 掌握串联校正装置的设计方法和参数调试技术。

三、实验原理

1. 串联超前校正

超前校正是利用校正装置的相位超前特性来增加系统的相位稳定裕度，利用校正装置幅频特性曲线的正斜率段来增加系统的截止频率，从而改善系统的平稳性和快速性。为此，要求校正装置的最大超前相角 φ_{m} 出现在系统新的截止频率 ω'_{c} 处。超前校正主要用于系统稳态性能已满足要求，而动态性能有待改善的场合。

串联超前校正环节的传递函数一般形式为

$$G_{\mathrm{c}}(s) = \frac{\alpha T s + 1}{T s + 1} \quad (\alpha > 1)$$

其 Bode 图如图 7-2 所示。由图 7-2 可见，相位超前主要发生在频段 $\left(\dfrac{1}{\alpha T}, \dfrac{1}{T}\right)$，而且超前角最大值为

$$\varphi_{\mathrm{m}} = \arcsin \frac{\alpha - 1}{\alpha + 1}$$

图 7-2 超前校正装置的 Bode 图

这一最大值发生在转折频率 $\dfrac{1}{\alpha T}$ 和 $\dfrac{1}{T}$ 的几何平均值 $\omega_{\mathrm{m}} = \dfrac{1}{\sqrt{\alpha}\, T} = \sqrt{\dfrac{1}{\alpha T} \cdot \dfrac{1}{T}}$ 处。

超前校正装置设计的一般步骤如下：

(1) 根据系统稳态精度指标的要求，确定系统开环增益 K。

(2) 根据确定的开环增益 K，绘制待校正系统的 Bode 图 $L(\omega)$ 和 $\varphi(\omega)$，得出其相位裕度 γ、截止频率 ω_{c}、幅值裕度 h(dB) 等性能指标。

(3) 根据性能指标要求的相位裕度 γ' 和实际系统的相位裕度 γ，确定校正装置的最大超

前相角 φ_m，即

$$\varphi_m = \gamma' - \gamma + \Delta$$

式中，Δ 是用于补偿因超前校正装置的引入，使系统的截止频率增大而带来的相位滞后量。一般 Δ 取值为 $5° \sim 15°$。

(4) 根据所确定的 φ_m，按式 $\alpha = \dfrac{1 + \sin\varphi_\mathrm{m}}{1 - \sin\varphi_\mathrm{m}}$ 算出 α 值。

(5) 在原系统对数幅频特性曲线 $L(\omega)$ 上找到幅频值为 $-10\lg\alpha$ 的点，选定对应的频率为超前校正装置的 ω_m，也就是校正后系统的截止频率 ω'_c。

这样做的原因如下： 由超前校正装置 Bode 图知，超前校正装置在 ω_m 处的对数幅频值为 $L_\mathrm{c}(\omega) = \dfrac{20\lg\alpha}{2} = 10\lg\alpha$，在校正前的 $L(\omega)$ 上找到幅频值为 $-10\lg\alpha$ 的点，则在该点处，$L_\mathrm{c}(\omega)$ 与 $L(\omega)$ 的代数和为 0dB，即该点频率既是选定的 ω_m，也是校正后系统的截止频率 ω'_c。

(6) 根据选定的 ω_m 确定校正装置的转折频率 $\omega_1 = \dfrac{1}{\alpha T} = \dfrac{\omega_\mathrm{m}}{\sqrt{\alpha}}$，$\omega_2 = \dfrac{1}{T} = \omega_\mathrm{m}\sqrt{\alpha}$，并画出校正装置的 Bode 图。

(7) 画出校正后系统的 Bode 图，并校验系统的相位裕度 γ' 是否满足要求，如果不满足要求，则增大 Δ 值，从步骤(3)开始重新计算。

超前校正的使用受到以下两个因素的限制：

(1) 闭环带宽要求。

(2) 当原系统的对数相频特性曲线在截止频率附近急剧下降时，由截止频率的增加而带来的系统的相位滞后量，将超过由校正装置所能提供的相位超前量。此时，若用单级的超前校正装置来校正，将收效不大。

2．串联滞后校正

串联滞后校正不是利用校正装置的相位滞后特性，而是利用其幅值的高频衰减特性对系统进行校正的。它使得原系统幅频特性曲线的中频段和高频段降低，截止频率减小，从而使系统获得足够大的相位裕度，但使系统快速性变差。滞后校正主要用于需提高系统稳定性或者稳态精度有待改善的场合。

串联滞后校正环节的传递函数的一般形式为

$$G_\mathrm{c}(s) = \frac{\beta Ts + 1}{Ts + 1} \quad (\beta < 1)$$

由图 7-3 可见，相位滞后主要发生在频段 $\left(\dfrac{1}{T}, \dfrac{1}{\beta T}\right)$，而且滞后角最大值为 $\varphi_\mathrm{m} = \arcsin\dfrac{1-\beta}{1+\beta}$，这一最大值发生在转折频率 $\dfrac{1}{T}$ 和 $\dfrac{1}{\beta T}$ 的几何平均值 $\omega_\mathrm{m} = \dfrac{1}{\sqrt{\beta T}} = \sqrt{\dfrac{1}{T} \cdot \dfrac{1}{\beta T}}$ 处。

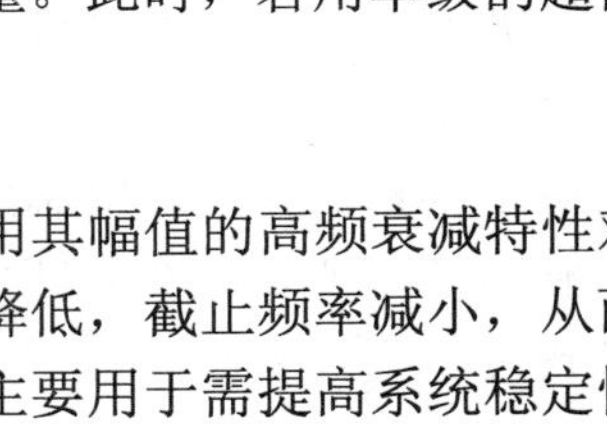

图 7-3　串联滞后校正装置的 Bode 图

滞后校正装置设计的一般步骤如下：

(1) 根据稳态精度指标要求，确定开环增益 K。

(2) 根据确定的开环增益 K，绘制待校正系统的 Bode 图 $L(\omega)$ 和 $\varphi(\omega)$，得出其相位裕度 γ、截止频率 ω_c、幅值裕度 $h(\mathrm{dB})$ 等性能指标。

(3) 若原系统的相位裕度不满足要求，则从原系统的相频特性曲线上找到一点 $\omega = \omega'_c$，使得在该点处相角为

$$\varphi(\omega'_c) = -180° + \gamma' + (5° \sim 15°)$$

式中 γ' 为校正后期望的相位裕度，$5° \sim 15°$ 为滞后网络在 $\omega = \omega'_c$ 处引起的相位滞后量，ω'_c 即为校正后系统新的截止频率。

(4) 测得原系统在 $\omega = \omega'_c$ 处的对数幅频值 $L(\omega'_c)$，并设 $L(\omega'_c) = -20\lg\beta$，由此可解得 β 值。

(5) 计算滞后校正装置的转折频率，并作出其 Bode 图。

为了避免 φ_m 出现在 ω'_c 附近而影响系统的相位裕度，应使校正装置的转折频率远小于 ω'_c。一般取转折频率

$$\omega_2 = \frac{1}{\beta T} = 0.1\omega'_c$$

则另一个转折频率

$$\omega_1 = \frac{1}{T} = \beta\frac{1}{\beta T} = \beta\omega_2$$

(6) 画出校正后系统的 Bode 图，并校核相位裕度等性能指标。

3. 串联滞后—超前校正

如果单用超前校正相角不够大，不足以使相位裕度满足要求，而单用滞后校正幅值截止频率又太小，保证不了响应速度时，则需要采用滞后—超前校正。它实质上是综合了滞后和超前校正各自的特点，即利用校正装置的超前部分来增大系统的相位裕度，以改善其动态性能；利用校正装置的滞后部分来改善系统的稳态性能。串联滞后—超前校正环节传递函数一般形式为

$$G_c(s) = \frac{(T_1 s + 1)(T_2 s + 1)}{(\alpha T_1 s + 1)\left(\dfrac{T_2}{\alpha}s + 1\right)} \quad (\alpha > 1)$$

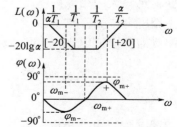

图 7-4 滞后—超前校正装置的 Bode 图

滞后—超前校正装置的 Bode 图如图 7-4 所示。

滞后—超前校正装置设计的一般步骤如下：

(1) 根据稳态精度指标要求，确定开环增益 K。

(2) 根据确定的开环增益 K，绘制待校正系统的 Bode 图 $L(\omega)$ 和 $\varphi(\omega)$，得出其相位裕度 γ、截止频率 ω_c、幅值裕度 $h(\mathrm{dB})$ 等性能指标。

(3) 在原系统的 Bode 图上选择相位角等于 $-180°$ 的频率作为校正后系统的截止频率 ω'_c。

(4) 计算滞后校正装置的转折频率, $\omega_1 = \dfrac{1}{T_1} = 0.1\omega'_c$, 并确定 α 的值(一般取 $\alpha = 10$)。

(5) 根据校正后系统在截止频率的幅值必须为 0dB 确定超前校正环节转折频率 $\omega_2 = \dfrac{1}{T_2}$。

(6) 校验校正后系统的各项性能指标。

四、实验内容

1. 连续系统的串联超前校正

设计要求: 如图 7-5 所示的闭环系统, 其模拟电路图如图 7-6 所示。其开环传递函数为:

$$G(s) = \frac{20}{s(0.2s+1)}$$

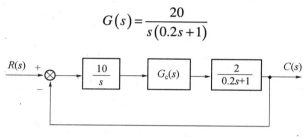

图 7-5　系统结构图

设计一个串联超前校正装置, 使得系统的稳态速度误差常数 K_v 等于 $30\mathrm{s}^{-1}$, 且相位裕度不小于 $60°$。

串联超前校正装置的传递函数为:

$$G_c(s) = K_c\left(\frac{\alpha Ts + 1}{Ts + 1}\right) \qquad (\alpha > 1)$$

校正后的系统的开环传递函数为 $G'(s) = G_c(s)G(s)$, 第 1 步是确定系统开环增益值, 以满足稳态性能指标(即满足稳态速度误差常数值), 因为

$$E(s) = R(s) - C(s) =$$
$$R(s) - \frac{G(s)}{1 + G(s)}R(s) = \frac{1}{1 + G(s)}R(s)$$

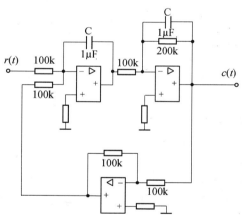

图 7-6　校正前系统的模拟电路图

稳态误差 $\qquad e_{ss} = \lim_{s \to 0} s\dfrac{1}{1 + G'(s)}\dfrac{1}{s^2} = \lim_{s \to 0}\dfrac{1}{s + sG'(s)} = \lim_{s \to 0}\dfrac{1}{sG'(s)}$

定义 $\qquad K_v = \lim_{s \to 0} sG'(s) = \lim_{s \to 0}\dfrac{\alpha Ts + 1}{Ts + 1} \cdot \dfrac{20K_c}{s(0.2s+1)} = 20K_c = 30$

得到 $K_c = 1.5$。

绘出传递函数 $G^*(s) = \dfrac{30}{s(0.2s+1)}$ 的 Bode 图(含 $K_c = 1.5$), 求出未进行相位补偿前系统的

相位裕度。

在 MATLAB 命令窗口中输入：

```
%jiaozheng1_1.m
num=30;den=[0.2 1 0];
margin(num，den)        %未补偿系统的开环 Bode 图（图 7-7）
```

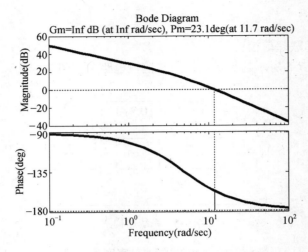

图 7-7　未补偿系统的开环 Bode 图

得出未进行相位补偿前系统的相位裕度为 23.1°

```
%jiaozheng1_2.m
num=30
den=[0.2 1 0]
ph_m=60-23+8
alph=(1+sin(ph_m/180*pi))/(1-sin(ph_m/180*pi))
-10*log10(alph)
w=(0.1:300)'
[mag，phase]=bode(num，den，w)
mag1=20*log10(mag)
for i=find((mag1<=-5)&(mag1>=-10))
    disp([i mag1(i) phase(i) w(i)])
end
ii=input('enter index for desired mag...')
t=1/(w(ii)*sqrt(alph))
```

可得

ph_m =45度（为相位超前补偿器的最大相位 φ_m ）

alph =5.8284（为相位超前补偿器的参数值 α ）

ans =-7.6555dB（为相位超前补偿器的最大值）

指针值	mag1	phase	w
17.0000	-5.1511	-162.7473	16.1000

76

18.0000	−6.1543	−163.7012	17.1000
19.0000	−7.1047	−164.5576	18.1000
20.0000	−8.0074	−165.3303	19.1000
21.0000	−8.8668	−166.0308	20.1000
22.0000	−9.6867	−166.6687	21.1000

enter index for desired mag...20(选取指针值20)

ii = 20

t = 0.0217(为相位超前补偿器的参数值 T)

故可得串联超前校正装置的传递函数为

$$G_c(s) = 1.5 \cdot \frac{0.1265s + 1}{0.0217s + 1} \quad (含 K_c = 1.5)$$

检查补偿后的系统相位裕度值，在 MATLAB 命令窗口中输入：

```
%jiaozheng1_3.m
num1=30;den1=[0.2 1 0];
num2=[0.1265 1];den2=[0.0217 1];
[num，den]=series(num1，den1，num2，den2);
margin(num，den)
```

可得如图7-8所示的Bode图，由图可知，补偿后的系统相位裕度约为60.1°，满足设计指标要求。

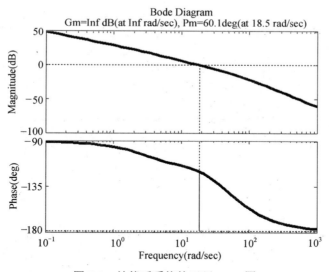

图 7-8 补偿后系统的开环 Bode 图

校正后系统的模拟电路图如图 7-9 所示。

在 Simulink 窗口中，构建如图 7-10 所示的模型。

系统校正前后阶跃响应曲线对比如图 7-11 所示。

2. 连续系统的串联滞后校正

如图 7-12 所示的闭环系统，其模拟电路图如图 7-13 所示。其开环传递函数为

$$G(s) = \frac{10}{s(0.1s + 1)(0.2s + 1)}$$

77

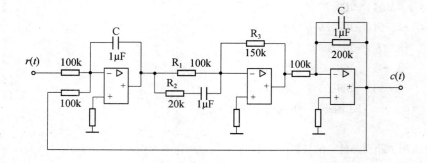

图 7-9　校正后系统的模拟电路图

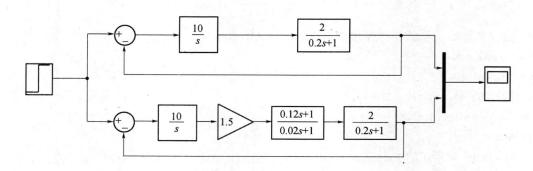

图 7-10　校正前后系统性能对比

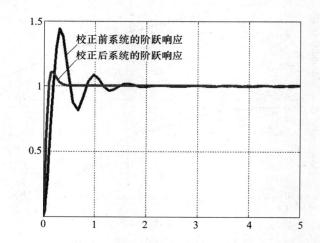

图 7-11　系统校正前后阶跃响应曲线对比

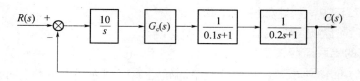

图 7-12　系统结构图

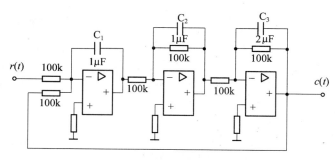

图 7-13　校正前系统的模拟电路图

设计一个串联滞后校正装置，使得系统的稳态速度误差常数 K_v 等于 $10 \mathrm{s}^{-1}$，且相位裕度不小于 $45°$。

相位滞后补偿器其传递函数为：

$$G_c(s) = K_c\left(\frac{\beta s+1}{Ts+1}\right) \quad (\beta < 1)$$

校正后系统的开环传递函数为 $G'(s) = G_c(s)G(s)$，第 1 步是确定开环增益值，以满足稳态性能指标(即满足稳态速度误差常数值)。

由

$$K_v = \lim_{s\to 0} sG'(s) = \lim_{s\to 0} s\frac{\beta Ts+1}{Ts+1} \cdot \frac{10K_c}{s(0.1s+1)(0.2s+1)} = 10K_c = 10$$

得到 $K_c = 1$。

绘出传递函数 $G^*(s) = \dfrac{10}{s(0.1s+1)(0.2s+1)}$ 的 Bode 图，求出未进行相位补偿前系统的相位裕度。

在 MATLAB 命令窗口中输入：

```
%jiaozheng2_1.m
num=10;den= conv([1 0], conv([0.1 1], [0.2 1]));
margin(num, den)          %未补偿系统的 Bode 图(图 7-14)
```

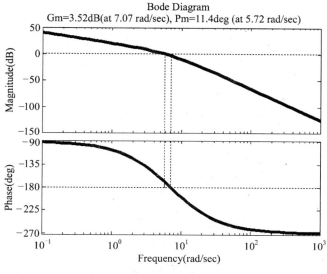

图 7-14　未补偿系统的 Bode 图

得到未进行相位补偿前系统的相位裕度为11.4°，幅值裕度为**3.52dB**。

```
%jiaozheng2_2.m
num=10
den=conv([1 0], conv([0.1 1], [0.2 1]))
ph_m=45+5
ph_md=-180+ph_m
w=logspace(-1, 2, 800)'
[mag, phase]=bode(num, den, w)
mag1=20*log10(mag)
for i=find((phase<=-128)&(phase>=-132))
    disp([i mag1(i) phase(i) w(i)])
end
ii=input('enter index for desired phase...')
t=100/(w(ii)*(sqrt(1+0.01*w(ii)^2))*(sqrt(1+0.04*w(ii)^2)))/w(ii)
beta=(w(ii)*(sqrt(1+0.01*w(ii)^2))*(sqrt(1+0.04*w(ii)^2)))/10
```

可得

ph_md = -130°（为串联滞后校正后系统的预估相位值）

指针值	mag1	phase	w
365.0000	11.5857	-128.0499	2.3265
366.0000	11.4933	-128.3496	2.3467
367.0000	11.4006	-128.6513	2.3671
368.0000	11.3076	-128.9548	2.3877
369.0000	11.2144	-129.2603	2.4084
370.0000	11.1209	-129.5677	2.4293
371.0000	11.0272	-129.8770	2.4504
372.0000	10.9332	-130.1882	2.4717
373.0000	10.8389	-130.5013	2.4931
374.0000	10.7443	-130.8164	2.5148
375.0000	10.6494	-131.1333	2.5366
376.0000	10.5543	-131.4522	2.5586
377.0000	10.4588	-131.7730	2.5809

enter index for desired phase...371（选取指针值371）

ii =371

t =14.5252（为串联滞后校正装置的参数值 T）

beta =0.2810（为串联滞后校正装置的参数值 β）

故可得串联滞后校正装置的传递函数为

$$G_c(s)=\frac{4.0816s+1}{14.5252s+1}\quad(已含\ K_c=1)$$

检查校正后的系统相位裕度值，在 **MATLAB** 命令窗口中输入：

```
%jiaozheng2_3.m
num1=10;den1=conv([1 0]，conv([0.1 1]，[0.2 1]));
num2=[4.0816 1];den2=[14.5252 1];
[num，den]=series(num1，den1，num2，den2);
margin(num，den)
```

可得如图7-15所示图形，由图可知，补偿后的系统相位裕度约为45.9°，满足设计指标要求。

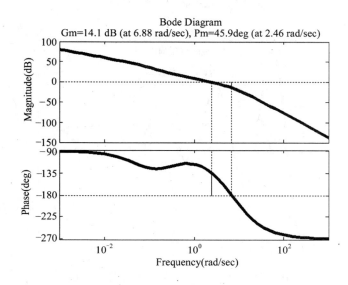

图 7-15　校正后系统的 Bode 图

校正后系统的模拟电路图如图 7-16 所示。

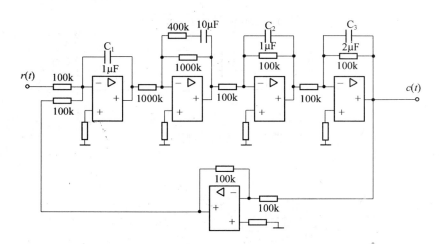

图 7-16　校正后系统的模拟电路图

在 Simulink 窗口中，构建如图 7-17 所示的模型。校正前后系统阶跃响应曲线对比如图 7-18 所示。

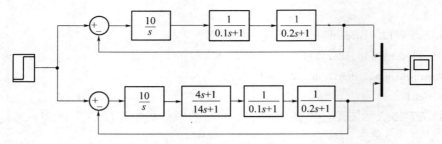

图 7-17 校正前后系统性能对比

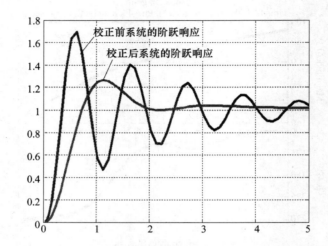

图 7-18 校正前后系统阶跃响应曲线对比

3．连续系统的滞后—超前校正

如图 7-19 所示的闭环系统，其模拟电路图如图 7-20 所示。其开环传递函数为

$$G(s) = \frac{10}{s(0.2s+1)(0.05s+1)}$$

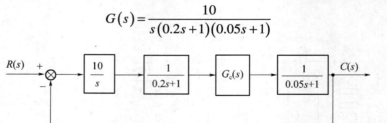

图 7-19 系统的结构图

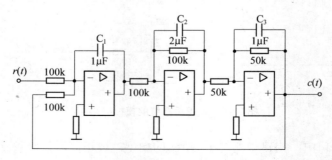

图 7-20 校正前系统的模拟电路图

设计一个串联滞后—超前校正装置，使得系统的稳态速度误差常数 K_v 等于 $30s^{-1}$，相位裕度为 $35° \pm 2°$，且幅值裕度为 $(8 \pm 1)dB$。

串联滞后—超前校正装置的传递函数为：

$$G_c(s) = K_c \left(\frac{T_1 s + 1}{\alpha T_1 s + 1} \cdot \frac{T_2 s + 1}{T_2 s / \alpha + 1} \right) \qquad (\alpha > 1)$$

串联滞后—超前校正后系统的开环传递函数为 $G'(s) = G_c(s)G(s)$，第 1 步是确定系统开环增益值，以满足稳态性能指标(即满足稳态速度误差常数值)。

由
$$K_v = \lim_{s \to 0} sG'(s) = \lim_{s \to 0} s \cdot K_c \frac{T_1 s + 1}{\alpha T_1 s + 1} \cdot \frac{T_2 s + 1}{T_2 s / \alpha + 1} \cdot \frac{10}{s(0.2s+1)(0.05s+1)} = 10K_c = 30$$

得到 $K_c = 3$。绘出传递函数 $G^*(s) = \dfrac{30}{s(0.2s+1)(0.05s+1)}$ 的 Bode 图，求出未进行相位补偿前系统的相位裕度。

在 MATLAB 命令窗口中输入：

```
%jiaozheng3_1.m
num=30;den= conv([1 0], conv([0.2 1], [0.05 1]));
margin(num, den)          %未补偿系统的Bode图(图7-21)
```

可得未进行相位补偿前系统的相位裕度为 $-4.12°$，系统是不稳定的，未达到设计要求。

首先为校正后的系统选择新的截止频率，由图 7-22 可知，当 $\omega = 10 \text{rad/s}$ 时，$\angle G(j\omega) = -180°$，可将新的系统截止频率设置为 10rad/s，并在此频率下设计相位超前角 $35°$，用单一的滞后—超前校正装置即可达到设计要求。首先设计相位滞后补偿器。选择滞后补偿器的转折频率 $1/T_1$ 在新的系统穿越频率以下 10 倍频率处，即 $\omega = 1 \text{rad/s}$。

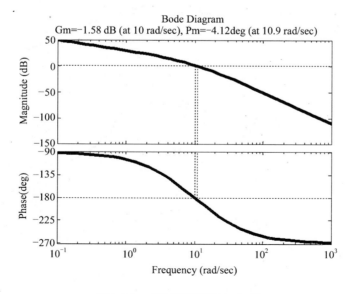

图 7-21 未补偿系统的 Bode 图

最大补偿相位发生处的 α 值为：

$$\frac{1}{\alpha}=\frac{1-\sin 35°}{1+\sin 35°}\Rightarrow \alpha = 3.69$$

若要补偿更大的相位值，则 α 值要更大，可取 $\alpha = 10$。相位补偿器的另一个转折频率 $\frac{1}{\alpha T_1}$ 为 $\omega = 0.1\text{rad/s}$。相位滞后补偿器的传递函数为

$$\frac{s+1}{s+0.1}=10\frac{s+1}{10s+1}$$

在 MATLAB 命令窗口中输入：

```
%jiaozheng3_2.m
num1=30;den1= conv([1 0], conv([0.2 1], [0.05 1]));
num2=[1 1];den2=[1 0.1];
[num den]=series(num1, den1, num2, den2);
margin(num, den)          %图 7-22
```

可得相位滞后补偿后系统的相位裕度为 $-8.9°$，表示系统仍是不稳定的。

然后设计相位超前补偿器，由图 7-22 可看出，在系统截止频率 $\omega = 8.8\text{rad/s}$ 时系统增益大小为 -3.8dB，因此让相位滞后—超前补偿器在频率 $\omega = 8.8\text{rad/s}$ 时，增益大小为 -3.8dB，由于选择了 $\alpha = 10$，求相位超前补偿器转角频率 $1/T_2$ 的方法如下：在 Bode 图上，横坐标为 $\omega = 8.8\text{rad/s}$、纵坐标为 -3.8dB 处，画一条斜率为 $+20\text{dB/dec}$ 的直线，该直线与 0dB 线及 -20dB 线分别的交点即为超前校正部分的两个转折频率。

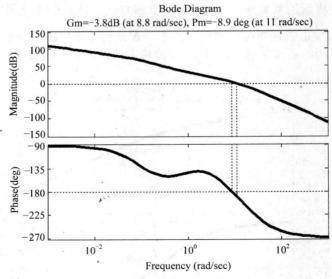

图 7-22　相位滞后补偿后的系统 Bode 图

在 MATLAB 中输入：

```
%jiaozheng3_3.m
num=[1 0];
den=[1];
```

```
w=logspace(-1, 1, 1000)';
[mag, phase]=bode(num, den, w);
w1=w+0.8;
mag1=20*log10(mag)-3.8;
semilogx(w1, mag1)
pause
for i=find((mag1<=-19.8)&(mag1>=-20.2))
    disp([i mag1(i) w1(i)])
end
ii=input('enter index for desired mag...')
w_1=w1(i)
for j=find((mag1<=0.2)&(mag1>=-0.2))
    disp([j mag1(j) w1(j)])
end
jj=input('enter index for desired phase...')
w_2=w1(jj)
```
在 MATLAB 命令窗口中，可得

指针值	大小值	频率值
91.0000	-20.1964	0.9514
92.0000	-20.1564	0.9521
93.0000	-20.1163	0.9528
94.0000	-20.0763	0.9535
95.0000	-20.0362	0.9542
96.0000	-19.9962	0.9549
97.0000	-19.9562	0.9557
98.0000	-19.9161	0.9564
99.0000	-19.8761	0.9571
100.0000	-19.8360	0.957893.0000 -20.1670 0.9337

enter index for desired mag...96(选取指针值96)

ii =96

w_1 =0.9549

591.0000	-0.1764	2.3177
592.0000	-0.1363	2.3247
593.0000	-0.0963	2.3317
594.0000	-0.0563	2.3388
595.0000	-0.0162	2.3459
596.0000	0.0238	2.3531
597.0000	0.0639	2.3602
598.0000	0.1039	2.3675
599.0000	0.1439	2.3747

```
  600.0000    0.1840    2.3820
```
enter index for desired phase...595(选取指针值 595)
jj =595
w_2 =2.3459

可得转折频率 1 w_1=0.9549

转折频率 2 w_2=2.3459

由 $\alpha=10$，可得相位超前补偿器的传递函数为：

$$\frac{s+0.9549}{s+9.549}=\frac{1}{10}\cdot\frac{1.0472s+1}{0.1047s+1}$$

综合以上两种补偿器设计，可得相位滞后—超前补偿器的传递函数为：

$$G_c(s)=\frac{s+1}{s+0.1}\cdot\frac{s+0.9549}{s+9.549}=\frac{s+1}{10s+1}\cdot\frac{1.0472s+1}{0.1047s+1}$$

检验补偿后所设计的系统性能，在 **MATLAB** 命令窗口下输入：

```
%jiaozheng3_4.m
num1=30;
den1=conv([1 0], conv([0.05 1], [0.1 1]));
num2=[1 1];
den2=[1 0.1];
num3=[1 0.9549];
den3=[1 9.549];
[num, den]=series(num1, den1, num2, den2);
[num, den]=series(num, den, num3, den3);
margin(num, den)
```

可得如图 7-23 所示的系统 Bode 图，可知补偿后系统的相位裕度为 34.8°，幅值裕度为 7.83dB，符合设计指标要求。

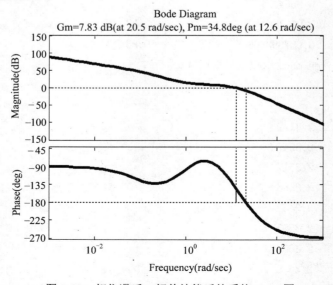

图 7-23　相位滞后—超前补偿后的系统 Bode 图

校正后系统的模拟电路图如图 7-24 所示。

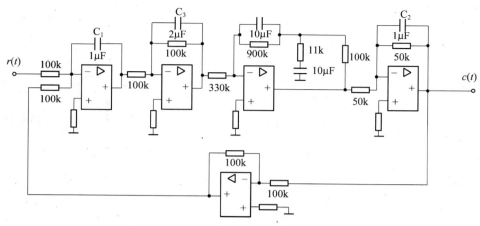

图 7-24　校正后系统的模拟电路图

在 Simulink 环境中，构建如图 7-25 所示的系统模块。校正前后系统的阶跃响应对比如图 7-26 所示。

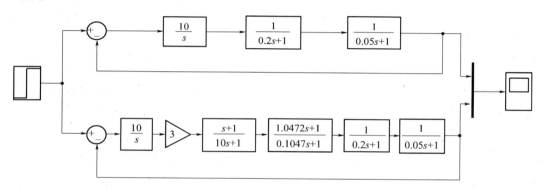

图 7-25　校正前后系统性能对比

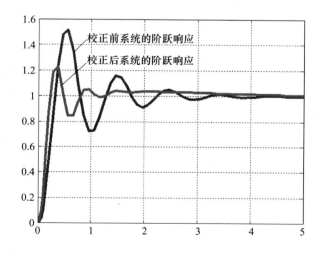

图 7-26　校正前后系统的阶跃响应对比

五、实验报告要求

(1) 按照实验内容的要求，确定各系统所引入校正装置的传递函数，同时画出它们的模拟电路图。

(2) 测试各系统加入校正环节前后的阶跃响应曲线。

(3) 验证所引入的校正装置在加入系统后是否满足给定的性能指标要求。

(4) 画出校正前后系统的对数频率特性曲线。

(5) 分析实验数据，并从时域和频域两个角度，总结分析校正环节对于系统稳定性和过渡过程的影响。

六、实验思考题

(1) 非单位负反馈的最小相位系统如何设计串联校正装置？

(2) 有源校正和无源校正各有什么特点？

实验八　PID 控制实验

一、实验相关知识

　　PID 控制器是目前工业过程控制中，应用最广泛的工业控制器之一，简单来说，PID 控制具有如下优点：

(1) 原理简单，使用方便。

(2) 适应性强，可以广泛地应用于各种工业过程控制领域。

(3) 鲁棒性强，即其控制品质对被控对象特性的变化不敏感。

　　PID 控制将偏差的比例(P)、积分(I)和微分(D)通过线性组合构成控制量，对被控对象进行控制。图 8-1 为 PID 控制系统结构图。

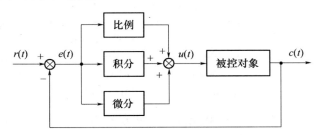

图 8-1　PID 控制系统结构图

　　这是典型的按偏差控制的负反馈结构。其中 $e(t)$ 是偏差，即输出量与设定值之间的差；$u(t)$ 是控制量，作用于控制对象并引起输出量的变化。

　　PID 控制器的控制规律为：

$$u(t) = K_P \left[e(t) + \frac{1}{T_I} \int_0^t e(t) \mathrm{d}t + \frac{T_D \mathrm{d}e(t)}{\mathrm{d}t} \right] = K_P e(t) + K_I \int_0^t e(t) \mathrm{d}t + K_D \frac{\mathrm{d}e(t)}{\mathrm{d}t} \tag{8-1}$$

写成传递函数的形式为：

$$G_c(s) = \frac{U(s)}{E(s)} = K_P \left(1 + \frac{1}{T_I s} + T_D s \right) = K_P + \frac{K_I}{s} + K_D s \tag{8-2}$$

式中，K_P 为比例系数；T_D 为积分时间常数；T_D 为微分时间常数；$K_I = \dfrac{K_P}{T_I}$ 为积分增益系数；$K_D = K_P T_D$ 为微分增益系数。

　　简单来说，PID 控制器各校正环节的作用如下：

(1) 比例环节:它能迅速反应偏差信号 $e(t)$，从而减小偏差，但比例控制不能消除稳态误差，比例系数的增大可能会引起系统的不稳定。

(2) 积分环节: 其作用是消除静态误差，积分时间常数 T_I 减小，积分作用越强，但会延长系统过渡过程时间，增大超调量，甚至影响系统的稳定性。

(3) 微分环节：反映偏差信号的变化趋势，微分时间常数 T_D 增大，微分作用越强，属于超前控制，其作用是增强系统的稳定性，加快系统响应，降低超调量，减少调节时间但使系统对噪声的抑制能力减弱。

K_P、K_I、K_D 与系统时域性能指标之间的关系见表 8-1：

表 8-1 PID 调节参数与系统时域指标的关系

参数名称	上升时间	超调量	调节时间	稳态误差
K_P 增大	减小	增大	微小变化	减小
K_I 增大	减小	增大	增大	消除
K_D 增大	微小变化	减小	减小	微小变化

在图 8-2 所示的 PID 控制系统中，PID 调节器是串接在系统前向通道中的，因而起着串联校正的作用。PID 校正主要是应用在时间域，相应的频域提法分别叫做超前校正(PD 校正)、滞后校正(PI 校正)和滞后超前校正(PID 校正)，二者之间有内在的联系。常用 PID 校正环节结构与特性如表 8-2 所列。

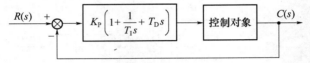

图 8-2 控制对象的 PID 控制

表 8-2 常用 PID 校正环节结构与特性

	校正装置线路图	传递函数	对数频率特性图
理想 PD 调节器		$G(s) = K(T_D s + 1)$ $K = \dfrac{R_2}{R_1}$ $T_D = R_1 C$	
实际 PD 调节器		$G(s) = K\left(\dfrac{\alpha T s + 1}{T s + 1}\right) = K\left(\dfrac{1 + T_D s}{1 + \dfrac{T_D}{\alpha} s}\right)$ $= K\left[\dfrac{\left(1 - \dfrac{1}{\alpha}\right) T_D s}{1 + \dfrac{T_D}{\alpha} s} + 1\right]$ $K = \dfrac{R_3}{R_1} \qquad T = R_2 C$ $\alpha = \dfrac{R_1 + R_2}{R_2} > 1$ (一般取 $\alpha = 3 \sim 10$) $T_D = (R_1 + R_2) C$	

90

校正装置线路图	传递函数	对数频率特性图
PI 调节器 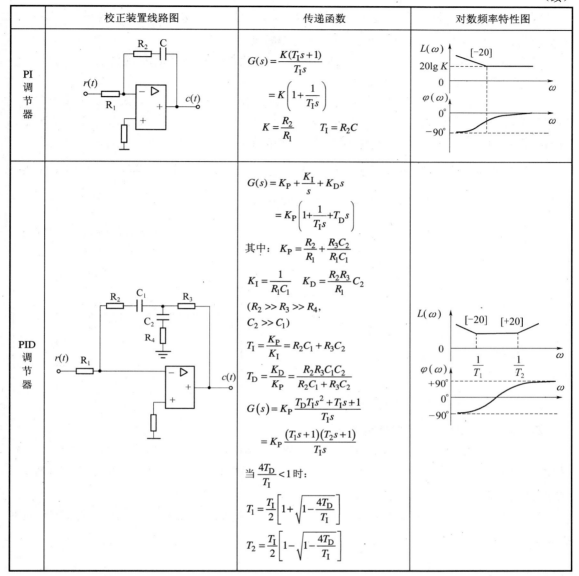	$$G(s) = \frac{K(T_I s+1)}{T_I s}$$ $$= K\left(1+\frac{1}{T_I s}\right)$$ $$K = \frac{R_2}{R_1} \qquad T_I = R_2 C$$	
PID 调节器	$$G(s) = K_P + \frac{K_I}{s} + K_D s$$ $$= K_P\left(1+\frac{1}{T_I s}+T_D s\right)$$ 其中：$K_P = \dfrac{R_2}{R_1}+\dfrac{R_3 C_2}{R_1 C_1}$ $$K_I = \frac{1}{R_1 C_1} \qquad K_D = \frac{R_2 R_3}{R_1}C_2$$ $(R_2 \gg R_3 \gg R_4,$ $C_2 \gg C_1)$ $$T_I = \frac{K_P}{K_I} = R_2 C_1 + R_3 C_2$$ $$T_D = \frac{K_D}{K_P} = \frac{R_2 R_3 C_1 C_2}{R_2 C_1 + R_3 C_2}$$ $$G(s) = K_P \frac{T_D T_I s^2 + T_I s + 1}{T_I s}$$ $$= K_P \frac{(T_1 s+1)(T_2 s+1)}{T_I s}$$ 当 $\dfrac{4T_D}{T_I} < 1$ 时： $$T_1 = \frac{T_I}{2}\left[1+\sqrt{1-\frac{4T_D}{T_I}}\right]$$ $$T_2 = \frac{T_I}{2}\left[1-\sqrt{1-\frac{4T_D}{T_I}}\right]$$	

比例作用 P 是基本控制作用，输出与输入无相位差，在有稳态静差存在的情况下可以减小但不能消除稳态静差。

比例作用 P 引入积分作用 I 后，可以消除稳态静差。但是使系统开环频率特性幅值比减小，相位滞后，使系统稳定裕度下降，为保持同样稳定裕度，比例系数 K_P 应减少 10%～20%。积分时间常数 T_I 越短，积分作用越强，T_I 趋向无穷大时无积分作用。

比例作用 P 引入适当微分作用 D 后，系统开环频率特性幅值比增大，相位超前，可使稳定裕度提高，调节时间延长，为保持同样稳定裕度，比例系数 K_P 应增大 10%～20%。微分时间常数 T_D 越大，微分作用越强，$T_D = 0$ 时无微分作用。

可以看出，PID 各参数与系统性能指标之间的关系不是绝对的，只是表示一定范围内的相对关系，因为各参数之间还有相互影响，一个参数改变了，另外两个参数的控制效果也会改变。

因此，PID 控制器的设计通常是比较困难的(即调整 K_P、K_I、K_D 参数为适当的值)，很多情况下，需要依靠控制工程师的经验来进行参数整定。

整定 PID 参数的方法有多种，Ziegler-Nichols(齐格勒—尼柯尔斯)整定法则是其中之一。

Ziegler-Nichols PID 参数整定方法一：

通过实验或通过控制对象的动态仿真得到其单位阶跃响应曲线。如果控制对象中既不包括积分器，又不包括主导共轭复数极点，此时曲线如一条 S 形，如图 8-3 所示。通过 S 形曲线的转折点画一条切线，求得延迟时间 τ 和时间常数 T。

此时被控对象的传递函数可以近似为带延迟的一阶系统 $G_0(s) = \dfrac{Ke^{-\tau s}}{Ts+1}$，Ziegler-Nichols 法则给出了用表 8-3 中的公式确定 K_P, T_I, T_D 值的方法。

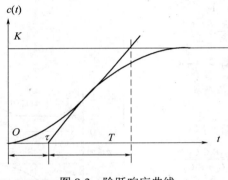

图 8-3 阶跃响应曲线

表 8-3 基于对象阶跃响应的
Ziegler-Nichols 调整法则
(第一种方法)

控制器类型	K_P	T_I	T_D
P	T/τ	∞	0
PI	$0.9T/\tau$	$\tau/0.3$	0
PID	$1.2T/\tau$	2τ	0.5τ

Ziegler-Nichols PID 参数整定方法二：

设 $T_I = \infty$ 和 $T_D = 0$，只采用比例控制作用(见图 8-4)，使 K_P 从 0 增加到临界值 K_c，其中 K_c 是使系统的输出首次呈现持续振荡的增益值(如果不论怎样选取 K_P 的值，系统的输出都不会呈现持续振荡，则不能应用这种方法)。

临界增益 K_c 和相应的周期 P_c 可以通过实验确定(见图 8-5)，而参数 K_P, T_I, T_D 的值可以根据表 8-4 中给出的公式确定。

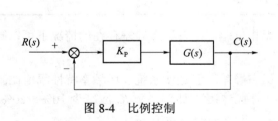

图 8-4 比例控制

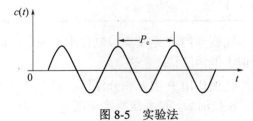

图 8-5 实验法

表 8-4 基于临界增益和临界周期的 Ziegler-Nichols 调整法则(第二种方法)

控制器类型	K_P	T_I	T_D
P	$0.5K_c$	∞	0
PI	$0.45K_c$	$P_c/1.2$	0
PID	$0.6K_c$	$0.5P_c$	$0.125P_c$

二、实验目的

(1) 研究 PID 控制器的参数对系统稳定性及过渡过程的影响。
(2) 研究引入被调量微分负反馈对系统性能的影响。

三、实验内容

1. 模拟电路实验方案

(1) 系统结构图如图 8-6 所示。

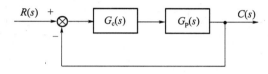

图 8-6　系统结构图

图中 PID 调节器的传递函数为

$$G_c(s) = K_P\left(1 + \frac{1}{T_I s} + T_D s\right) = K_P + \frac{K_I}{s} + K_D s$$

控制对象的传递函数分别为

$$G_{P1}(s) = \frac{5}{(0.5s+1)(0.1s+1)}$$

$$G_{P2}(s) = \frac{1}{s(0.1s+1)}$$

(2) 本实验采用 PI 调节器，其传递函数为

$$G_c(s) = K_P\left(1 + \frac{1}{T_I s}\right) = K_P + \frac{K_I}{s}$$

模拟电路图如图 8-7 所示。

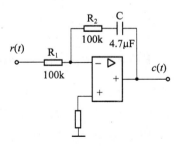

图 8-7　PI 调节器的模拟电路

图中 PI 调节器传递函数为

$$G_c(s) = K\left(1 + \frac{1}{T_I s}\right) = \frac{K(T_I s + 1)}{T_I s}$$

式中，$K = \dfrac{R_2}{R_1} = 1$，$T_1 = R_2 C = 0.47$。

(3) 被控对象的模拟电路图分别示于图 8-8 和图 8-9，其中图 8-8 对应 $G_{P1}(s)$，图 8-9 对应 $G_{P2}(s)$，图 8-10 和图 8-11 分别为被控对象为 $G_{P1}(s)$ 和 $G_{P2}(s)$ 时的系统接线图。

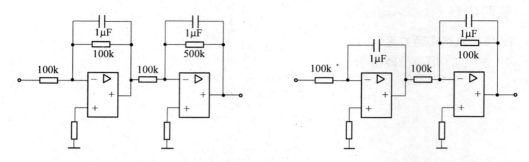

图 8-8　被控对象 $G_{P1}(s)$ 的模拟电路图　　　　图 8-9　被控对象 $G_{P2}(s)$ 的模拟电路图

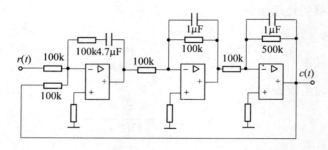

图 8-10　被控对象为 $G_{P1}(s)$ 时的系统接线图

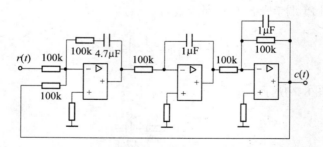

图 8-11　被控对象为 $G_{P2}(s)$ 时的系统接线图

(4) 被控对象 $G_{P1}(s)$ 为 0 型系统，采用 PI 控制或 PID 控制，可使系统变为 I 型系统，被控对象 $G_{P2}(s)$ 为 I 型系统，采用 PI 控制或 PID 控制，可使系统变为 II 型系统。

(5) 当输入为阶跃信号时，研究 PI 调节器电阻 R_2 及电容 C 取不同参数时系统的阶跃响应过程。

(6) 微分先行 PID 的控制思想是只对反馈回来的输出量进行微分，而对给定值不做微分，这样，在改变给定值时，控制量的变化通常是比较缓和的，可以避免因给定值频繁升降所引起的系统振荡，由于纯微分容易引入干扰，实际采用的是近似微分电路，这样的 PID 调节器如图 8-12 所示。可改变微分反馈电阻电容的参数并分析系统的阶跃响应并与步骤(5)

的实验结果进行比较。图 8-13 和图 8-14 分别为采用微分先行 PID 调节器且被控对象为 $G_{P1}(s)$ 和 $G_{P2}(s)$ 时的系统接线图。

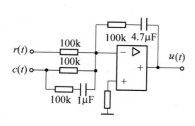

图 8-12　微分先行 PID 调节器

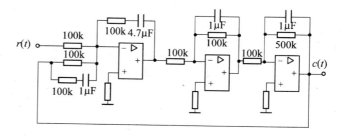

图 8-13　微分先行 PID 调节器且被控对象为 $G_{P1}(s)$ 时的系统接线图

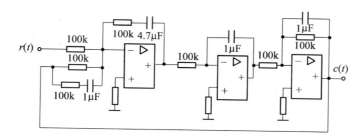

图 8-14　微分先行 PID 调节器且被控对象为 $G_{P2}(s)$ 时的系统接线图

2. MATLAB/Simulink 软件仿真实验方案

1) 基于 MATLAB 命令行方式的实验方案

例 8.1　设对象模型为

$$G(s) = \frac{5}{(0.5s+1)(0.1s+1)}$$

分析比例控制、微分控制和积分控制各自在系统中所起的作用。

(1) 当只有比例控制时，K_P 取值从 0.1~3.0 变化，则闭环系统的 MATLAB 程序及阶跃响应曲线如下：

程序 pid8_1.m

```
G=tf(5, [0.05 0.6 1]);
P=[0.1 0.5 1 2 3];
for i=1:length(P)
    sys=feedback(P(i)*G, 1);
    step(sys);
    grid on
    axis([0 2 0 1.3])
    hold on
end
hold off
```

从图 8-15 中可以看出，随着 K_P 的值增大，闭环系统响应的灵敏度也增大，稳态误差减小，响应的振荡增强。

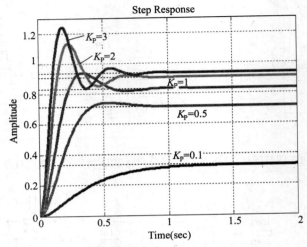

图 8-15   比例控制作用对系统的影响

(2) 研究积分控制作用。采用 PI 控制时 $(T_D \rightarrow 0)$，令 $K_P = 1$，T_I 的取值从 0.1~2 变化，则实现该功能的 MATLAB 程序及闭环阶跃响应曲线为：

程序 pid8_2.m

```
G=tf(5, [0.05 0.6 1]);
Kp=1;
Ti=[0.1 0.5 1 1.5 2]
for i=1:length(Ti)
Gc=tf(Kp*[1, 1/Ti(i)], [1 0]);
sys=feedback(Gc*G, 1);
step(sys);
grid on
hold on
end
axis([-0.1 5 -0.1 1.8])
hold off
```

程序执行结果如图8-16所示。

PI 控制的最主要的特点是可以使得稳定的闭环系统由有差系统变为无差系统，但是积分作用不能太强（T_I 不能太小），否则系统容易变得不稳定。

(3) 研究微分控制作用。令 $K_P = 1, T_I = 0.1$，T_D 取值从 0.03~0.11 变化，变化增量为 0.02，则实现该功能的 MATLAB 程序及闭环响应曲线如下。

程序 pid8_3.m

```
G=tf(5, [0.05 0.6 1]);
Kp=1;
Ti=0.1;
```

```
Td=[0.03 :0.02:0.11];
hold on
for i=1:length(Td)
Gc=tf(Kp*[Td(i)*Ti Ti 1], [Ti 0]);
sys=feedback(Gc*G, 1);
step(sys)
grid on
end
axis([0 3 0 1.8])
hold off
```

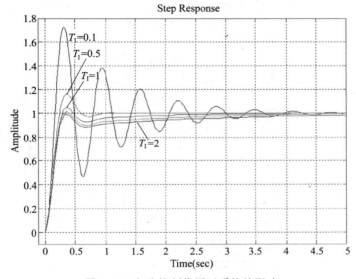

图 8-16　积分控制作用对系统的影响

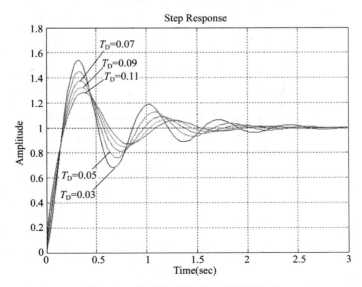

图 8-17　微分控制作用对系统的影响

可以看出，当 T_D 的值增大时，系统的响应速度也将加快，同时系统相应的超调量减小，这是由于微分的预报作用所致。

2）基于 Simulink 仿真的实验方案

在实际应用中不可能实现纯微分动作，所以经常将纯微分动作近似成一个带有惯性的微分环节，进而得到近似 PID 控制器的传递函数为

$$G_c(s) = K_P\left(1 + \frac{1}{T_I s} + \frac{T_D s}{1 + \frac{T_D}{N}s}\right)$$

其中 N 为一个较大的数值，这里取 $N=10$。同时考虑到输出限幅的影响不可能无限积分(饱和值为 ±12)，构建系统模型如图 8-18 所示，实验结果如图 8-19 所示。

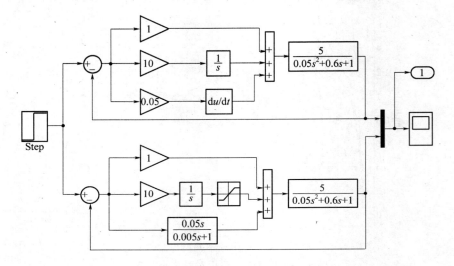

图 8-18　理想 PID 与实际 PID 控制系统

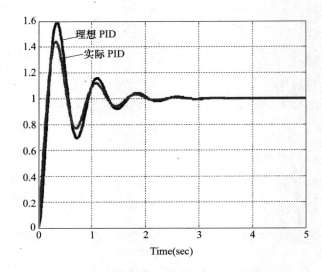

图 8-19　理想 PID 与实际 PID 控制效果对比

子系统的封装：当所构建的模型其组成的模块数目越来越多时，则会增加模型的大小及复杂程度，可以将代表某一个功能的几个模块组合成一个子系统模块(即以一个模块表示)。

生成子系统模块的步骤如下：

(1) 将要生成子系统模块所需的模块用界限框框起来。

(2) 在 Edit 菜单中，选择 Create subsystem 选项，Simulink 会将被选择的模块用单个子系统模块来替换，如图 8-20 所示。

(3) 如有需要，可将子系统模块改变名称，如图 8-21 所示。

图 8-20　建立子系统模块　　　　　图 8-21　改变子系统模块名称

(4) 双击子系统模块，则可打开子系统模块，如图 8-22 所示。

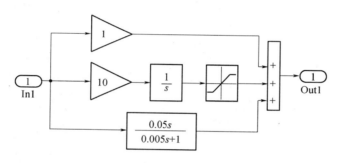

图 8-22　子系统模块

四、实验报告要求

(1) 记录以上各实验步骤的结果并与理论计算值相比较。

(2) 当被控对象为 $G_{PI}(s)$ 时，取过渡过程为最满意时的调节器参数值，画出系统校正后的波特图，查出相位裕度 γ 和截止频率 ω_c。

五、实验思考题

(1) 一种 PID 控制器的模拟电路如图 8-23 所示，试推导其传递函数。

(2) 由于纯微分易引入高频干扰，常用实际微分环节 $\dfrac{T_D s}{1+\dfrac{T_D}{N}s}$ 代替理想微分环节 $T_D s$ $(N=3\sim10)$，试推导图 8-24 所示实际比例微分调节器的传递函数。

(3) 对被控对象 $G_{PI}(s)$，用 Ziegler-Nichols PID 参数整定方法一设计 PID 调解器参数并用模拟电路实现，观察控制效果。

(4) 分析比例控制、微分控制和积分控制在系统中的作用。

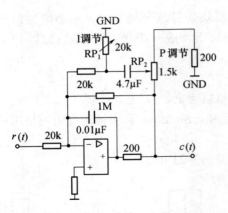

图 8-23　PID 控制器模拟电路

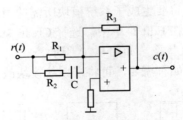

图 8-24　比例微分调节器

实验九　典型非线性环节的静态特性

一、实验相关知识

严格地说，线性系统在实际中是不存在的，它是简单化的理想模型。当系统或环节在工作范围内的某些点不存在导数时，其非线性特性不可忽略或线性化，称之为本质非线性环节。常见的非线性环节有：饱和特性、死区特性、继电器特性和间隙特性等。表 9-1 列出了常见非线性环节的静态特性曲线、数学表达式及相关说明。

表 9-1　典型非线性环节

特性名称	静态特性	数学表达式	具有典型非线性特性的器件及说明
饱和特性	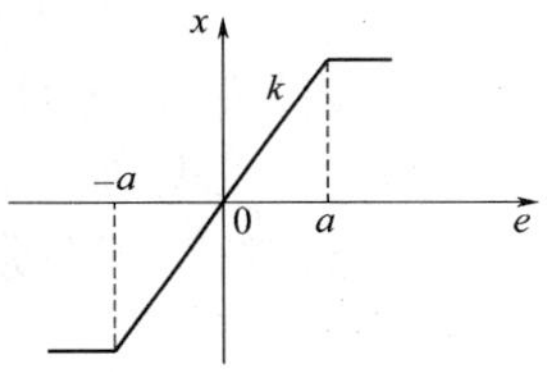	$x(t) = \begin{cases} ke(t) & |e(t)| < a \\ ka & e(t) > a \\ -ka & e(t) < -a \end{cases}$	一般放大器、执行元件都具有饱和特性。限幅、限位装置可看作是饱和特性的一类应用
死区特性	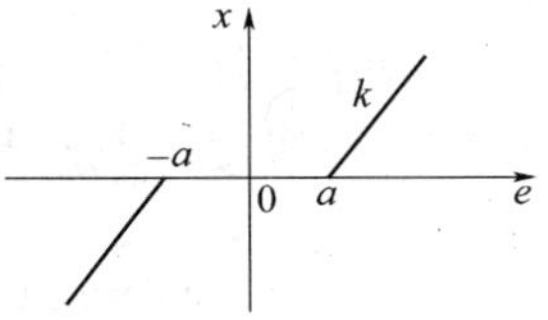	$x(t) = \begin{cases} 0 & |e(t) < a| \\ k[e(t) - a \cdot \mathrm{signe}(t)] & |e(t)| > a \end{cases}$ 式中， $\mathrm{signe}(t) = \begin{cases} 1 & e(t) > 0 \\ -1 & e(t) < 0 \end{cases}$	控制系统中的测量元件、执行元件(如伺服电机、液压伺服油缸)等一般都具有死区特性。 死区的存在会产生静态误差，尤其对测量元件的不灵敏区的影响较为明显。由摩擦造成的死区将造成系统低速运动的不平滑性
间隙特性	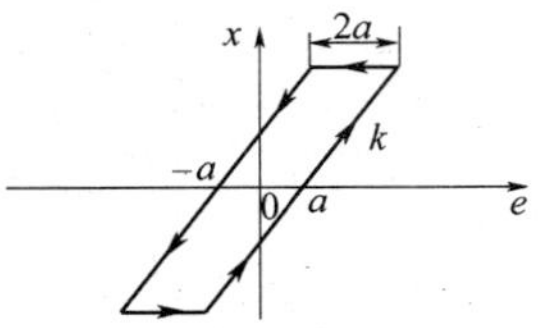	$x(t) = \begin{cases} k[e(t) - a] & \dot{x}(t) > 0 \\ k[e(t) + a] & \dot{x}(t) < 0 \end{cases}$ 间隙宽度为 $2a$，线性段的斜率为 k	间隙特性由正反向运动的不对称性造成。如齿轮传动的齿隙，液压传动的油隙，电气过程的磁滞等都属于间隙特性。间隙的存在会降低系统的跟踪精度，使系统的运动能量变化不平稳，可能引起导致自激振荡
继电器特性	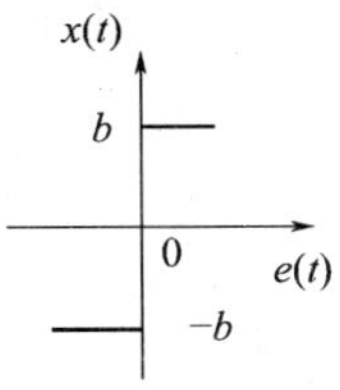 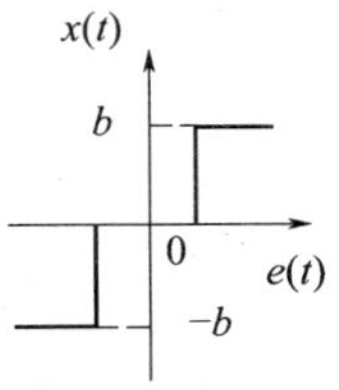		继电器、接触器、晶闸管等元件均表现为继电特性，应用广泛。 继电器的类型较多，从输入输出特性上看，有理想继电器，如图(a)；具有死区的继电器，如图(b)；具有滞环的继电器，如图(c)；具有死区与滞环的继电器，如图(d)等。

特性名称	静态特性	数学表达式	具有典型非线性特性的器件及说明
继电器特性	(c)	(d)	死区的存在是由于继电器线圈需要一定数量的电流才能产生吸合作用。滞环的存在是由于铁磁元件磁滞特性使继电器的吸上电流与释放电流不一样大

二、实验目的

(1) 了解非线性环节的特性及电路模拟方法。

(2) 学习用 MATLAB 对非线性环节进行仿真。

三、实验内容

本实验要完成两个任务：首先用物理器件或仿真方法建立各种非线性环节，然后给该环节输入典型激励信号，观察输出信号，分析测试环节的动态稳态特性。在此基础上，进一步调节非线性环节参数，理解非线性环节参数对特性的影响和参数的调整方法。下面分别给出模拟电路和基于 Simulink 仿真的两套实验方案。

1. 模拟电路实验方案

1) 具有继电特性的非线性环节

理想继电特性如图 9-1 所示，图 9-2 给出了该环节的模拟电路，实际测试结果见图 9-3。

继电特性参数 M 由双向稳压管的稳压值与后一级运放放大倍数之积决定。改变图 9-2 中变阻器的阻值即可改变 M，当阻值减小时，M 也随之减小。

实验时，可以用三角波或正弦波输入作为测试信号进行静态特性观测。注意信号频率的选择应足够低，如 1Hz。通常选择在 X-Y 显示模式下进行观测。

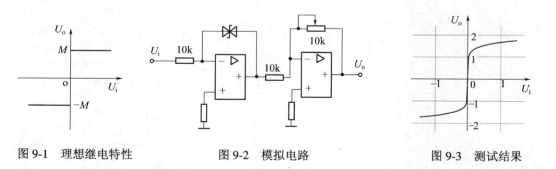

图 9-1　理想继电特性　　　图 9-2　模拟电路　　　图 9-3　测试结果

2) 具有饱和特性的非线性环节

理想饱和特性如图 9-4 所示，图 9-5 给出了该环节的模拟电路，实际测试结果见图 9-6。

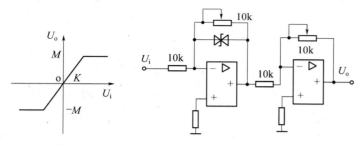

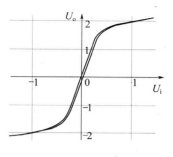

图 9-4　理想饱和特性　　　　　　图 9-5　模拟电路　　　　　　图 9-6　测试结果

特性饱和部分的饱和值 M 等于稳压管的稳压值与后一级放大倍数的积,特性线性部分的斜率 K 等于两级运放放大倍数之积。改变图 9-5 中的变阻器的阻值时将同时改变 M 和 K,它们随阻值增大而增大。

3) 具有死区特性的非线性环节

具有理想死区特性非线性静态特性如图 9-7 所示,图 9-8 给出了该环节的模拟电路,实际测试结果见图 9-9。

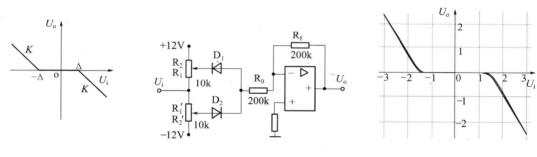

图 9-7　理想死区特性　　　　　　图 9-8　模拟电路　　　　　　图 9-9　测试结果

斜率 $K = \dfrac{R_f}{R_0}$,死区 $\Delta = \dfrac{R_1}{R_2} \times 12(\mathrm{V}) = \dfrac{R_1'}{R_2'} \times 12(\mathrm{V})$(实际死区还要考虑二极管的压降值)。

4) 具有间隙特性的非线性环节

具有间隙特性的非线性环节静态特性关系如图 9-10 所示,图 9-11 给出了该环节的模拟电路,实际测试结果见图 9-12。

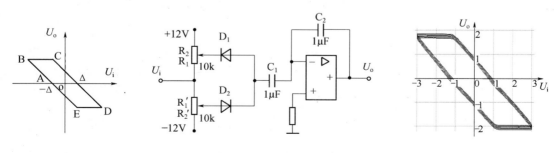

图 9-10　间隙特性　　　　　　图 9-11　模拟电路　　　　　　图 9-12　测试结果

间隙特性的宽度 $\Delta = \dfrac{R_1}{R_2} \times 12(\mathrm{V}) = \dfrac{R_1'}{R_2'} \times 12(\mathrm{V})$ (实际宽度还要考虑二极管的压降值),特性斜

率 $K = \dfrac{C_1}{C_2}$,因此改变 $\dfrac{R_1}{R_2}$ 可改变间隙特性的宽度,改变 $\dfrac{C_1}{C_2}$ 可以调节特性斜率。

注意由于元件(二极管、电阻等)参数数值的分散性,造成电路不对称,因而引起电容上电荷累积,影响实验结果,故每次实验启动前,需对电容进行短接放电。

2. Simulink 仿真实验方案

首先在 Simulink 环境下建立环节模型,如图 9-13 所示。本方案非线性环节参数和激励信号的幅值、频率均可通过仿真参数设置选择,相应的输出特性曲线如图 9-14 所示。

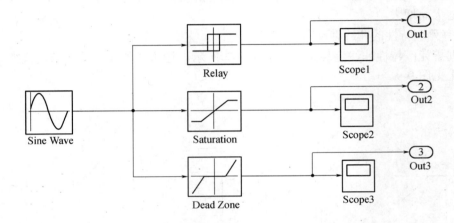

图 9-13　利用 Simulink 进行典型非线性环节的输出特性建模

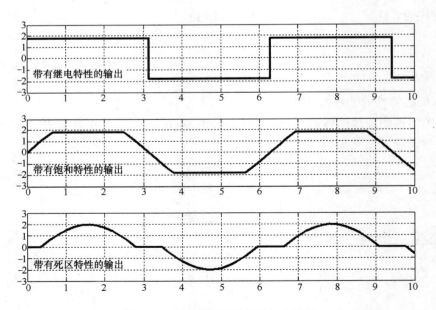

图 9-14　典型非线性环节的输出特性

仿真参数设置：

正弦信号幅值/V	3
正弦信号频率/Hz	1
继电特性/V	正负限幅值均为 1.8
饱和特性/V	正负饱和限幅均为 1.8
死区特性/V	死区范围为 ±1
示波器显示设置/V	X 轴[0 10]；Y 轴[-3 3]

将图 9-13 所示 Simulink 模块存放在 MATLAB 安装路径下的 work 文件夹下，读取并显示模块输出结果，并显示 MATLAB 程序：

```
[t, x, y]=sim('sim9_1', 10);      % sim9_1 为模块文件名，10 为仿真终止时间
subplot(3, 1, 1)
plot(t, y(:, 1))
axis([0 10 -3 3])
grid
subplot(3, 1, 2)
plot(t, y(:, 2))
axis([0 10 -3 3])
grid
subplot(3, 1, 3)
plot(t, y(:, 3))
axis([0 10 -3 3])
grid
gtext('带有继电特性的输出')
gtext('带有饱和特性的输出')
gtext('带有死区特性的输出')
```

也可直接启动仿真用示波器 Scope 直接观察输出曲线。

四、实验报告要求

(1) 画出各典型非线性环节的模拟电路图，并选择参数。

(2) 根据实验，绘制相应的非线性环节的实际静态特性，与理想的静态特性相比较，并分析电路参数对特性曲线的影响。

五、实验思考题

(1) 各种模拟非线性环节的输入—输出特性与理想特性有何不同？为什么？

(2) 为什么选用三角波或正弦波输入作为测试信号进行静态特性观测？

实验十　非线性系统的相平面分析法

一、实验相关知识

相平面分析法是一种时域分析方法，通过相平面上相轨迹的分析来确定系统的动态特性。即采用几何作图的方法绘出或由实验得到相轨迹曲线，再根据相轨迹图求得系统的运动规律。它适用于一阶或二阶线性或非线性系统，三阶以上的系统不易完整表示，该方法的基本概念可以拓广至非线性系统。

1. 相平面与相轨迹

设二阶系统方程为

$$\ddot{x} = f(x, \dot{x}) \tag{10-1}$$

$f(x, \dot{x})$ 为 $x(t)$ 和 $\dot{x}(t)$ 的线性或非线性函数。

该方程的解是变量 $x(t)$ 对时间 t 的关系。若以 t 作为参变量，以 $x(t)$ 为横坐标，$\dot{x}(t)$ 为纵坐标，在这样组成的直角坐标平面上绘制 $\dot{x}(t)$ 对 $x(t)$ 的关系曲线。对于二阶系统，$\dot{x}(t) - x(t)$ 关系曲线显然可以表达系统的运动特性；对于高阶系统或非线性系统，该曲线则表示了系统某一状态变量的的运动特性。

我们把上述 $\dot{x}(t) - x(t)$ 平面称为相平面。在相平面上，系统的每一个状态都对应于该平面上的一个坐标，称为一个相点。沿着时间增加的方向将许多相点连接起来，形成一条轨迹线，称之为相轨迹，在相轨迹上用箭头表明时间增加的方向。

当给定初始条件 $x(0), \dot{x}(0)$ 时，就可以通过实验等方法确定一条相轨迹，根据这条相轨迹，就可以得到运动状态的全部变化过程。这种分析方法就称为相平面分析法。

相轨迹上横坐标为 x_1 的点移动到横坐标为 x_2 的点所需的时间可按下式计算：

$$t_2 - t_1 = \int_{x_1}^{x_2} \frac{\mathrm{d}x}{\dot{x}} \tag{10-2}$$

2. 非线性系统的相平面法分析

常见的典型非线性环节与低阶线性环节组合而成的非线性系统结构如图 10-1 所示，其中的非线性环节通常是分段线性的。

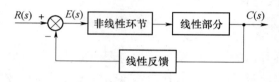

图 10-1　非线性系统结构

用相轨迹法分析分段线性的非线性系统的一般步骤如下：

(1) 合理选取相坐标，常选取 $(c, \dot{c})$，当有外作用时选取 $(e, \dot{e})$。

(2) 根据非线性环节的特性，分区域写出系统方程，在每个分段区域都是线性的。

(3) 分析分段线性区域的临界变化状态，绘制开关线。

(4) 根据奇点类型确定每一线性区域的相轨迹样式。

(5) 根据系统运动的初始状态确定初始相点，确定完整的相轨迹。

(6) 根据相轨迹图分析系统的运动情况。

二、实验目的

(1) 掌握非线性系统的电路模拟研究方法。

(2) 熟悉用相平面法分析非线性系统。

三、实验内容

1. 模拟电路实验方案

(1) 用相轨迹法分析继电型非线性系统在阶跃信号下的瞬态响应和稳态误差。

继电型非线性系统原理方框图如图 10-2 所示，图 10-3 是它的模拟电路图，其中 $M = 1.8$，在系统输入端施加幅值为 3V 的阶跃信号，观察并绘制系统的相轨迹，并测量系统的超调量和稳态误差。

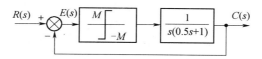

图 10-2 继电型非线性系统结构图

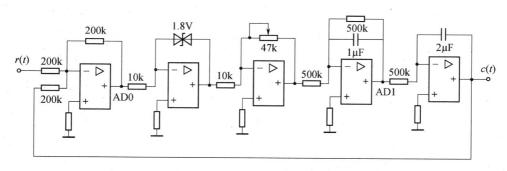

图 10-3 继电型非线性系统模拟电路图

上述系统可用以下方程描述：

$$\begin{cases} T\ddot{c} + \dot{c} - KM = 0 & (e > 0) \\ T\ddot{c} + \dot{c} + KM = 0 & (e < 0) \end{cases} \tag{10-3}$$

式中 T 为时间常数 $(T = 0.5)$，K 为线性部分开环增益(本例取 $K = 1$)，M 为继电器特性的限幅值，采用 e 与 $\dot{e}$ 为相平面坐标，考虑到

$$e = r - c \tag{10-4}$$

$$r = R \cdot 1(t) \tag{10-5}$$

$$\dot{e} = -\dot{c} \tag{10-6}$$

则式(10-3)变为

$$\begin{cases} T\ddot{e} + \dot{e} + KM = 0 & (e > 0) \\ T\ddot{e} + \dot{e} - KM = 0 & (e < 0) \end{cases} \qquad (10\text{-}7)$$

图 10-3 所示模拟电路图中第 1 个运放的输出即为 $-e$，第 5 个运放为积分环节，传递函数为 $\dfrac{1}{s}$，该运放的输出为 $-c$，其输入即为 $\dot{c} = -\dot{e}$。

该系统的相轨迹曲线如图 10-4 所示。

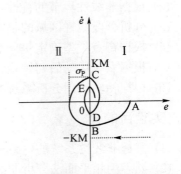

图 10-4 继电型非线性系统相轨迹图

(2) 用相轨迹法分析带速度负反馈继电型非线性系统在阶跃信号下的瞬态响应和稳态误差。

带速度负反馈的继电型非线性系统原理方框图如图 10-5 所示,图 10-6 是它的模拟电路图,其中 $M = 1.8$，在系统输入端施加幅值为 3V 的输入信号，观察并绘制系统的相轨迹，并测量系统的超调量和稳态误差。

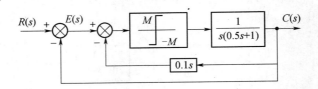

图 10-5 带速度负反馈继电型非线性系统结构图

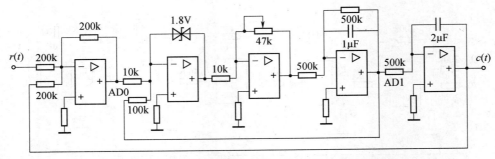

图 10-6 带速度负反馈继电型非线性系统的模拟电路图

该系统的相轨迹曲线如图 10-7 所示。

显然，继电器非线性系统采用速度反馈可以减少超调量 σ_p，缩短调节时间 t_s，减少振荡次数。图中分界线方程为：

$$e - k_s \dot{e} = 0 \qquad (10\text{-}7)$$

式中 k_s 为反馈系数，(图 10-5 中 $k_s = 0.1$)，如增加反馈电阻则现象更明显。

(3) 用相轨迹法分析饱和型非线性系统在阶跃信号下的瞬态响应和稳态误差。

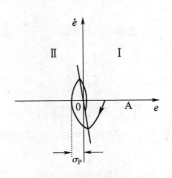

图 10-7 带速度负反馈继电型非线性系统相轨迹图

饱和型非线性系统原理方框图如图 10-8 所示，图 10-9 是它的模拟电路图，其中 $M=1.8$，$K=1$，在系统输入端施加幅值为 3V 的输入信号，观察并绘制系统的相轨迹，并测量系统的超调量和稳态误差。

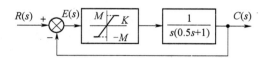

图 10-8　饱和非线性系统结构图

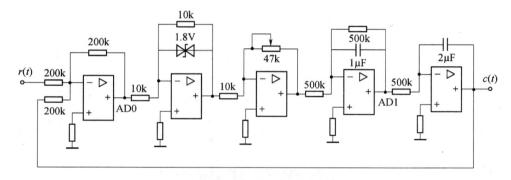

图 10-9　饱和非线性系统模拟电路图

图 10-8 所示系统可由下列方程表示：

$$\begin{cases} 0.5\ddot{e}+\dot{e}+e=0 & (|e|<M) \\ 0.5\ddot{e}+\dot{e}+M=0 & (e>M) \\ 0.5\ddot{e}+\dot{e}-M=0 & (e<-M) \end{cases} \tag{10-8}$$

因此，直线 $e=M$ 和 $e=-M$ 将相平面 $(e-\dot{e})$ 分成三个区域，如图 10-10 所示。

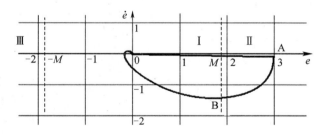

图 10-10　饱和非线性系统的相轨迹

假如初始点为 A，则从点 A 开始沿区域Ⅱ的相轨迹运动至分界线上的点 B 进入区域Ⅰ，再从点 B 开始沿区域Ⅰ的相轨迹运动，最后收敛于稳定焦点(原点)。

2. Simulink 软件仿真实验方案

在 Simulink 环境下，可以借助 XY-Graph 快速得到系统的相平面图。在 Simulink 环境下建立系统模型，如图 10-11 所示。本方案非线性环节参数和激励信号的幅值、频率均可通过模块参数设置选择。

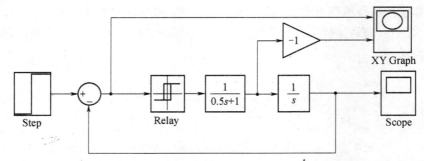

图 10-11 继电型非线性系统 Simulink 模块图

1) 继电型非线性系统仿真

设置仿真参数如下:

阶跃信号/V	阶跃信号为 3
继电特性/V	正负幅值均为 1.8
XY 绘图仪坐标范围/V	X 轴[-1.5　3.5];Y 轴[-3　3]

实验结果如图 10-12 所示。

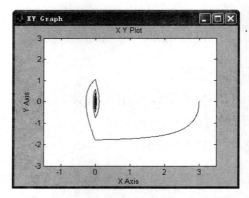

图 10-12　继电型非线性系统相轨迹图

2) 带速度负反馈的继电型非线性系统仿真

在 Simulink 环境下建立系统模型，如图 10-13 所示。

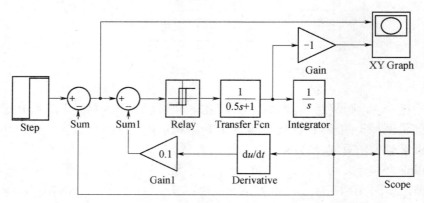

图 10-13　带速度负反馈的继电型非线性系统 Simulink 模块图

110

设置仿真参数如下：

阶跃信号/V	阶跃信号为 3
继电特性/V	正负幅值均为 1.8
XY 绘图仪坐标范围/V	X 轴[-1.5 3.5];Y 轴[-3 3]

实验结果如图 10-14 所示。

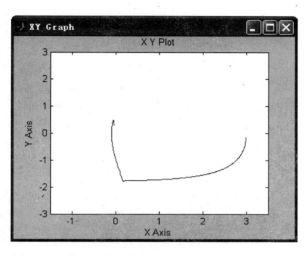

图 10-14 带速度负反馈的继电型非线性系统相轨迹图

3) 饱和非线性系统仿真

在 Simulink 环境下建立系统模型，如图 10-15 所示。

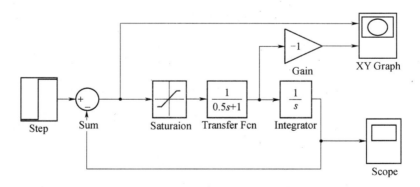

图 10-15 饱和非线性系统 Simulink 模块图

设置仿真参数如下：

阶跃信号/V	阶跃信号为 3
饱和特性/V	正负饱和幅值均为 1.8
XY 绘图仪坐标范围/V	X 轴[-1.5 3.5];Y 轴[-3 3]

实验结果如图 10-16 所示。

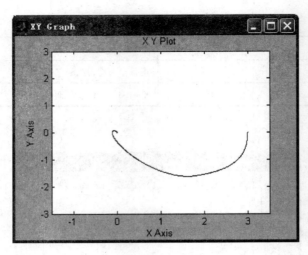

图 10-16　饱和非线性系统相轨迹图

五、实验报告要求

(1) 作出由实验求得的继电型、带速度负反馈的继电型以及饱和型非线性控制系统在阶跃信号作用下的相轨迹,据此求出超调量 σ_p 和稳态误差 e_{ss}。

(2) 分析如何实现各非线性环节的参数调整,该调整会对相轨迹产生怎样的影响?

六、实验思考题

(1) 实验电路中如何获得 e 和 $\dot{e}$ 信号?如何获得 c 和 $\dot{c}$ 的信号?

(2) 为什么引入速度负反馈后,继电型非线性系统阶跃响应的动态性能会变好?

(3) 对饱和非线性系统,如果区域 I 内的线性方程有两个相异负实根,则系统的相轨迹会如何变化?

实验十一 非线性系统的描述函数法

一、实验相关知识

描述函数法是分析非线性系统的一种频率域近似方法，其基本思想是：当系统满足一定的条件时，系统中非线性环节在正弦信号作用下的输出可用其一次谐波分量来近似，由此导出非线性环节近似等效频率特性，即描述函数。这时可用线性系统理论中的频率法对该系统进行动态特性分析。描述函数法主要用来研究非线性系统的稳定性和自激振荡问题，对于时间响应提供的信息不够确切。

1. 描述函数的定义

描述函数可定义为非线性环节输出的一次谐波分量与正弦输入信号的复数比。

设非线性环节的输入输出关系为

$$y = f(x) \tag{11-1}$$

非线性环节输入正弦信号

$$x(t) = A\sin(\omega t) \tag{11-2}$$

非线性环节的输出通常也为周期信号，可以分解为傅里叶级数

$$y(t) = A_0 + \sum_1^\infty \left(A_n \cos n\omega t + B_n \sin n\omega t \right) = A_0 + \sum_1^\infty Y_n \sin\left(n\omega t + \varphi_n\right) \tag{11-3}$$

式中，A_0 为直流分量，Y_n 和 φ_n 是第 n 次谐波的幅值和相角：

$$A_n = \frac{1}{\pi}\int_0^{2\pi} y(t)\cos n\omega t\, \mathrm{d}(\omega t) \tag{11-4}$$

$$B_n = \frac{1}{\pi}\int_0^{2\pi} y(t)\sin n\omega t\, \mathrm{d}(\omega t) \tag{11-5}$$

$$Y_n = \sqrt{A_n^2 + B_n^2} \tag{11-6}$$

$$\varphi_n = \arctan\frac{A_n}{B_n} \tag{11-7}$$

若 $A_0 = 0$ 且 $n > 1$ 时 Y_n 很小，则非线性环节的输出近似为

$$y(t) = Y_1 \sin\left(\omega t + \varphi_1\right) \tag{11-8}$$

式(11-8)在形式上和线性环节频率响应相类似。

定义非线性环节描述函数的数学表达式为

$$N(A) = \frac{Y_1}{A}e^{j\varphi_1} = \frac{\sqrt{A_1^2 + B_1^2}}{A}\arctan\frac{A_1}{B_1} = \frac{B_1 + jA_1}{A} \quad (11\text{-}9)$$

可见描述函数是输入信号的幅值 A 和频率 ω 的函数，当非线性环节不包含储能元件时，描述函数只和输入信号的幅值有关。

应用描述函数法分析非线性系统须满足以下条件：

(1) 系统的线性部分和非线性环节可以分离，简化成如图 11-1 所示的典型结构。

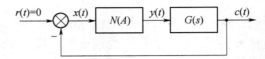

图 11-1　非线性系统的典型结构形式

(2) 系统响应中基波分量最强。

(3) 非线性特性是奇对称的，即频率响应中直流分量 $A_0 = 0$。

(4) 系统的线性部分具有较好的低通滤波特性。对一般控制系统来说，这个条件容易满足，并且线性部分阶次愈高，低通特性愈好。

典型非线性环节及对应的描述函数见表 11-1。

表 11-1　典型非线性环节的描述函数

非线性形式	特性曲线	正弦输入 $x(t) = A\sin\omega t$ 时的输出波形	描述函数 $N(A)$
饱和特性			当 $A > a$ 时 $N(A) = \frac{2}{\pi}K\left[\arcsin\frac{a}{A} + \frac{a}{A}\sqrt{1-(\frac{a}{A})^2}\right]$ 当 $A \leqslant a$ 时 $N(A) = K$
死区特性			当 $A > a$ 时 $N(A) = \frac{2}{\pi}K\left[\frac{\pi}{2} - \arcsin\frac{a}{A} - \frac{a}{A}\sqrt{1-(\frac{a}{A})^2}\right]$ 当 $A \leqslant a$ $N(A) = 0$
间隙特性			当 $A > a$ 时 $N(A) = \frac{B_1}{A} + j\frac{A_1}{A} = \frac{\sqrt{A_1^2 + B_1^2}}{A}e^{\arctan\frac{A_1}{B_1}}$ $= \frac{k}{\pi}\left[\frac{\pi}{2} + \arcsin(1-\frac{2a}{A}) + 2(1-\frac{2a}{A})\sqrt{\frac{a}{A}(1-\frac{a}{A})}\right] + j\frac{4ka}{\pi A}(\frac{a}{A}-1)$ 当 $A \leqslant a$ 时 $N(A) = 0$

非线性形式	特性曲线	正弦输入 $x(t)=A\sin\omega t$ 时的输出波形	描述函数 $N(A)$
理想继电器			$N(A)=\dfrac{4M}{\pi A}$
滞环继电器特性			当 $A>a$ 时 $N(A)=\dfrac{4M}{\pi A}\mathrm{e}^{-\mathrm{j}\frac{a}{A}}$ 当 $A\leqslant a$ 时 $N(A)=0$

2. 用描述函数法分析非线性控制系统稳定性

仿效线性系统，图 11-1 所示的非线性系统的特征方程为 $1+N(A)G(s)=0$ ，即 $G(s)=-\dfrac{1}{N(A)}$ ，其中 $-\dfrac{1}{N(A)}$ 称为非线性特性的负倒描述函数。

在复平面上分别绘制出以频率 ω 为变量的 $G(\mathrm{j}\omega)$ 幅相特性曲线和以幅值 A 为变量的 $-1/N(A)$ 曲线：

(1) 如果 $-1/N(A)$ 的轨迹没有被 $G(\mathrm{j}\omega)$ 曲线 Γ_G 所包围，则非线性系统是稳定的。而且两曲线相距愈远，系统愈稳定。

(2) 如果 $-1/N(A)$ 的轨迹被 $G(\mathrm{j}\omega)$ 曲线 Γ_G 所包围，则相应的非线性系统是不稳定的。

(3) 如果 $-1/N(A)$ 的轨迹与 $G(\mathrm{j}\omega)$ 曲线 Γ_G 相交，则交点处为临界状态系统，位于该工作点的输出会产生周期振荡。如果该振荡可以维持，则该点是稳定的自激振荡点。如何判断两曲线交点是否为自激振荡点呢？

可以把 $G(\mathrm{j}\omega)$ 曲线 Γ_G 包围的区域称为不稳定区域， $G(\mathrm{j}\omega)$ 曲线 Γ_G 不包围的区域称为稳定区域。在两条曲线的交点处，若 $-1/N(A)$ 曲线沿 A 值增加方向由不稳定区经交点进入稳定区，则自激振荡是稳定的；若 $-1/N(A)$ 曲线沿 A 值增加方向由稳定区经交点进入不稳定区，该交点产生的自激振荡就是不稳定的。

图 11-2 为 $G(\mathrm{j}\omega)$ 和 $-1/N(A)$ 之间的曲线关系，图中(a)稳定；(b)不稳定；(c)中 A 点的自激振荡是稳定的， B 点的自激振荡是不稳定的。

二、实验目的

(1) 掌握非线性控制系统的电路模拟方法。

(2) 熟悉用描述函数法分析非线性控制系统。

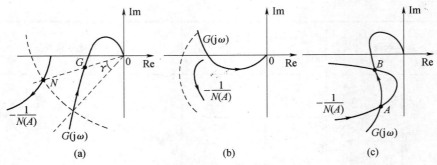

图 11-2 $G(\mathrm{j}\omega)$ 和 $-1/N(A)$ 的曲线关系

三、实验内容

1. 模拟电路仿真实验方案

1) 继电型非线性三阶系统

继电型非线性三阶系统的原理方框图如图 11-3 所示,其模拟电路如图 11-4 所示。

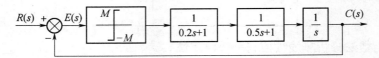

图 11-3 继电型非线性三阶系统的方框图

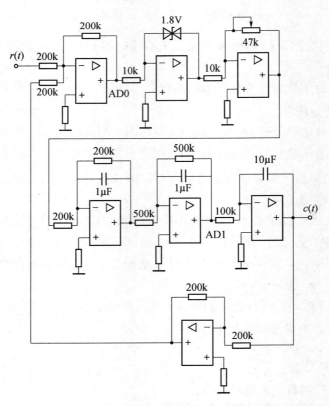

图 11-4 继电型非线性三阶系统的模拟电路图

已知理想继电型非线性环节的描述函数为 $N(A) = \dfrac{4M}{\pi A}$，调节变阻器的阻值，使图 11-3 中 $M=2$，线性部分的传递函数为 $G(s)$。则为了用描述函数法分析上述继电型非线性三阶系统的稳定性，可在复平面上分别画出图 11-3 所示系统的 $-\dfrac{1}{N(A)}$ 轨迹和 $G(j\omega)$ 轨迹，如图 11-5 所示。从两者是否有交点 X 可判断出系统是否存在极限环振荡。

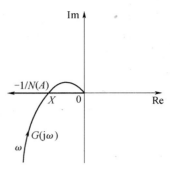

图 11-5　继电型非线性三阶系统的 $-1/N(A)$ 和 $G(j\omega)$ 曲线

如有交点，即表示存在极限环振荡，可令 $\mathrm{Im}[G(j\omega)] = 0$，求取振荡频率 ω_x，即振荡周期为 $T_A = \dfrac{2\pi}{\omega_x}$；并由

$$-\frac{1}{N(A_x)} = -\frac{\pi A_x}{4M} = \mathrm{Re}[G(j\omega_x)]$$ 求取振荡幅值 A_x。

我们可以测量系统相轨迹（方法同实验十），根据该曲线可以判断是否有极限环振荡。另外从系统的阶跃响应可以获取该振荡的振幅和周期，用于和描述函数法分析结果进行比较。

从图 11-5 可见，限于继电型非线性环节描述函数的特点，如减小该系统线性部分增益，只能缩小极限环振荡的振幅，而不能消除振荡。

2）饱和型非线性三阶系统

饱和型非线性三阶系统的原理方框图如图 11-6 所示，其模拟电路如图 11-7 所示。

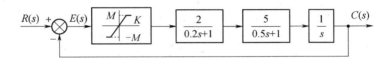

图 11-6　饱和型非线性三阶系统的方框图

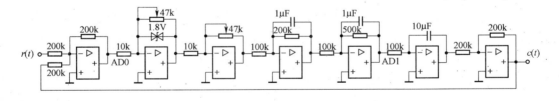

图 11-7　饱和型非线性三阶系统的模拟电路图

调节图 11-7 中相应变阻器的阻值，使 $K=2$，$M=2$。

已知饱和型非线性环节的描述函数为

$$N(A) = \frac{2K}{\pi}\left[\arcsin\frac{M/K}{A} + \frac{M/K}{A}\sqrt{1 - \left(\frac{M/K}{A}\right)^2}\,\right]$$

图 11-8 给出图 11-6 所示系统的非线性环节的 $-\dfrac{1}{N(A)}$ 轨迹和系统线性部分 $G(j\omega)$ 轨迹，

从两者有无交点可判断出系统是否存在极限环振荡。如有交点，即有极限环振荡，可以采用与上述相同方法求取振荡周期与幅值。

由图 11-8 可见，如不断减小线性部分增益(可通过改变图 11-7 中相应的电阻阻值来实现)，可以使系统的非线性环节的轨迹和系统线性部分轨迹不相交，即意味着减小线性部分增益可以使极限环消失，使系统变为稳定系统。

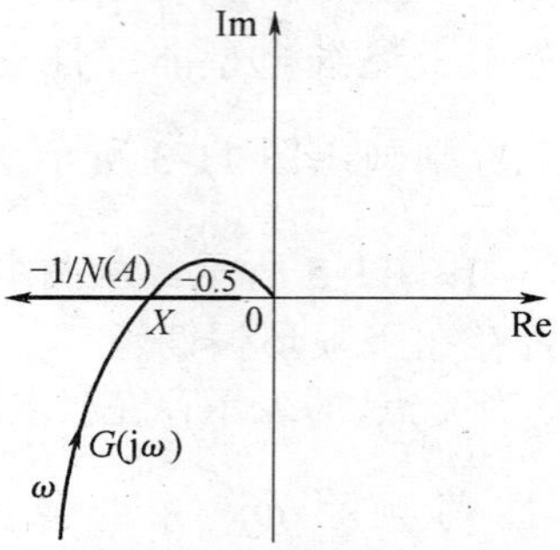

图 11-8　饱和型非线性三阶系统的 $-1/N(A)$ 和 $G(j\omega)$ 曲线

2. MATLAB 软件仿真实验方案

1) 继电型非线性三阶系统

程序 m11_1.m:

```
num=[1];
den=[0.1 0.7 1 0];
G=tf(num,den);
w=1:0.001:20;
A=0.001:0.1:2;
[realG,imagG,w]=nyquist(num,den,w);
usN=(-1)*pi*A/(4*2);
plot(realG,imagG,'b',real(usN),imag(usN),'r');        %图11-9
grid on
wx=spline(imagG,w,0)                                  %求ωx
Gwx=1*((wx*i).*(0.2*wx*i+1).*(0.5*wx*i+1)).^(-1)       %求交点
Ax=spline(usN,A,real(Gwx))                            %求振幅
```

得到

```
wx =     3.1623
Gwx =   -0.1429 - 0.0000i
Ax =     0.3638
```

2) 饱和型非线性三阶系统

程序 11_2.m:

```
num=[10];
den=[0.1 0.7 1 0];
G=tf(num,den);
w=1:0.001:20;
A=2:0.1:10;
[realG,imagG,w]=nyquist(num,den,w);
usN=(-1)*pi/4*(asin(A.^(-1)+(A.^(-1)).*sqrt(1-A.^(-2)))).^(-1);
plot(realG,imagG,'b',real(usN),imag(usN),'r');        %图11-10
grid on
wx=spline(imagG,w,0)                                  %求ωx
Gwx=10*((wx*i)*(0.2*wx*i+1)*(0.5*wx*i+1)).^(-1)        %求交点
Ax=spline(usN,A,real(Gwx))                            %求振幅
```

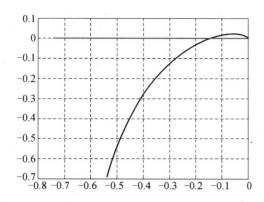

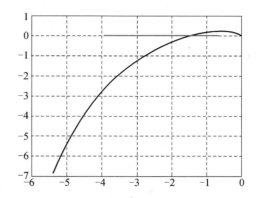

图 11-9　继电型非线性三阶系统的
$-1/N(A)$ 和 $G(\mathrm{j}\omega)$ 曲线

图 11-10　饱和型非线性三阶系统的
$-1/N(A)$ 和 $G(\mathrm{j}\omega)$ 曲线

得到

wx =　　3.1623

Gwx =　-1.4286 - 0.0000i

Ax =　　3.7588

3. Simulink 软件仿真实验方案

1) 继电型非线性三阶系统

在 Simulink 环境下建立系统模型，如图 11-11 所示。

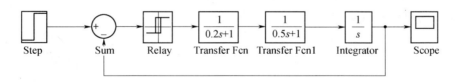

图 11-11　继电型非线性三阶系统的 Simulink 仿真模块图

设置仿真参数如下：

阶跃信号/V	阶跃信号为 1
继电特性/V	正负幅值均为 2
示波器坐标范围	X 轴[0　10];Y 轴[0　1.6]

实验结果如图 11-12 所示。

2) 饱和型非线性三阶系统

在 Simulink 环境下建立系统模型，如图 11-13 所示。

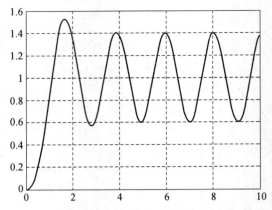

图 11-12 继电型非线性三阶系统阶跃响应

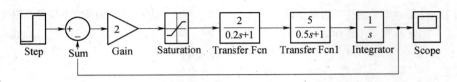

图 11-13 饱和型非线性三阶系统的 Simulink 仿真模块图

设置仿真参数如下：

阶跃信号/V	阶跃信号为 1
饱和特性/V	正负饱和幅值均为 2
示波器坐标范围	X 轴[0 10];Y 轴[-1 3]

实验结果如图 11-14 所示。

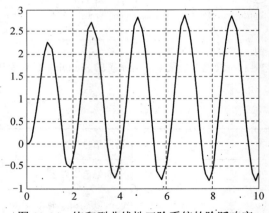

图 11-14 饱和型非线性三阶系统的阶跃响应

四、实验报告要求

(1) 观测继电型非线性系统的自激振荡，由实验测量自激振荡的幅值与频率，并与理论计算值相比较，分析两者产生差异的原因。

(2) 调节系统的开环增益 K，使饱和非线性系统产生自激振荡，由实验测量其幅值与频率，并与理论计算值相比较。

五、实验思考题

(1) 应用描述函数法分析非线性系统有哪些限制条件？

(2) 为什么继电型非线性系统产生的自激振荡是稳定的自激振荡？

(3) 在本实验中，为什么减小开环增益 K，可使饱和非线性系统的自激振荡消失，系统变为稳定？而继电型非线性系统却不能消除自激振荡？

实验十二　采样系统分析

一、实验相关知识

1. 控制系统分类

控制系统按照它所包含的信号形式通常可以划分为以下四种类型（图 12-1）：

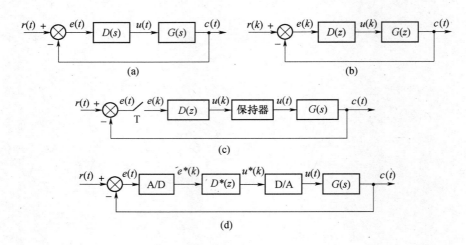

图 12-1　控制系统的四种类型

(a) 连续控制系统；(b) 离散控制系统；(c) 采样控制系统；(d) 数字控制系统。

2. 信号的采样

如图 12-2 所示，采样开关 T 每隔 T 秒短暂地闭合一次(闭合时间为 τ)，以将系统的某个连续信号 $e(t)$ 转化为断续的脉冲序列 $e^*(t)$。由于 $\tau \ll T$，故可以认为 $e(t)$ 在 τ 时间内基本不变。

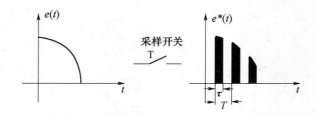

图 12-2　信号的采样

当 $\tau \to 0$ 时有

$$e^*(t) = e(t)\delta_{\mathrm{T}}(t) = \sum_{n=-\infty}^{\infty} e(nT)\delta(t - nT) \tag{12-1}$$

其中：$\delta(t)$ 为单位脉冲函数，$\delta_T(t) = \sum\limits_{n=-\infty}^{\infty} \delta(t-nT)$ 为单位脉冲序列。

理想的采样器等效于一个理想的单位脉冲序列发生器。采样过程相当于一个脉冲调制过程。采样开关的输出信号 $e^*(t)$ 可表示为两个函数的乘积，其中载波信号 $\delta_T(t)$ 决定采样时间即输出函数存在的时刻，而采样信号的幅值由输入信号决定。

3. 采样定理与采样频率的选取

一般来说，连续信号 $e(t)$ 经采样得到的离散信号 $e^*(t)$ 在信息上是有丢失的，造成信号的失真。由式(12-1)的离散信号频谱 $E^*(j\omega)$ 和连续信号频谱 $E(j\omega)$ 之间的关系得出式(12-2)。

$$E^*(j\omega) = \frac{1}{T} \sum_{n=-\infty}^{\infty} E(j\omega + jn\omega_s) \tag{12-2}$$

式中 $\omega_s = \dfrac{2\pi}{T}$ 为采样频率。在离散信号频谱 $E^*(j\omega)$ 中，$n=0$ 的部分称为主频谱，它与连续信号的频谱 $E(j\omega)$ 是相对应的，除此之外，$E^*(j\omega)$ 还包括无限多的高频分量。为了准确复现连续信号，必须使离散信号频谱中的各部分不重叠。

采样定理(香农定理)：

为了使信号得到很好地复现，采样频率应大于或等于原始信号最大频率的 2 倍，即

$$\omega_s \geqslant 2\omega_{max} \tag{12-3}$$

式中，ω_s 为采样的频率，ω_{max} 为连续信号的最高频率。

由于 $\omega_s = \dfrac{2\pi}{T}$，因而式(12-3)可写为

$$T \leqslant \frac{\pi}{\omega_{max}} \tag{12-4}$$

对于实际的非周期连续信号，其最大频率 ω_{max} 是无限的，这给采样定理的实际应用带来困难。工程上，一般可考虑选取频谱幅值下降至最大值的 5%处所对应的频率作为该信号频谱中的最大频率 ω_{max}，然后按采样定理选择采样频率 ω_s。

过大的 ω_s 在实现上较复杂和困难，也将增加不必要的计算负担和高频干扰；过小的 ω_s 会降低控制能力，造成动态性能和稳态性能较差，甚至使系统不稳定。采样周期的选取是离散控制系统中的一个关键因素。在工程实践上，一般选取 $\omega_s = 10\omega_c$ 或者 $T = t_r/10$ 或者 $T = t_s/40$。

4. 保持器

把采样信号恢复成原来的连续信号称为信号的复现。采用理想滤波器可滤去 $E^*(j\omega)$ 中各高频分量，保留与连续信号频谱相对应的主频谱，就可以无失真地恢复连续信号。理想滤波器在实际上是难以实现的，保持器在频率特性上比较接近理想滤波器。

保持器是一种采用时域外推原理的装置，有零阶保持器、一阶保持器等。零阶保持器采样有恒值外推的规律，即它能把某一时刻 nT 的采样值恒值地保持到下一采样时刻$(n+1)T$，其结构最简单，应用也最广泛。零阶保持器的传递函数为：

$$G_h(s) = \frac{1-e^{-Ts}}{s} \tag{12-5}$$

123

其频率特性为：

$$G_h(j\omega) = T\frac{\sin(\omega T/2)}{\omega T/2}e^{-j\omega T/2} \tag{12-6}$$

零阶保持器具有如下特性：

(1) 低通特性：其幅值随频率的增大而迅速衰减，具有明显的低通滤波特性。但除了主频谱外，还存在一些高频分量，造成离散控制系统的输出中存在纹波。

(2) 相位滞后特性：其相位滞后量随频率的增大而加大，在 $\omega = \omega_s$ 处，滞后达 $-180°$，使系统的稳定性变差。

(3) 时间滞后特性：零阶保持器的输出平均响应为 $e(t - T/2)$，表明其输出比输入在时间上滞后 $T/2$，使系统总的滞后量加大，对系统的稳定性不利。

5. Z 变换定义与差分方程

连续信号 $x(t)$ 经采样后成为离散信号 $x^*(t)$，表示为下式：

$$x^*(t) = x(t)\delta_T(t) = \sum_{n=0}^{\infty} x(nT)\delta(t - nT)$$

对离散信号 $x^*(t)$ 作拉普拉斯变换，并令 $z = e^{Ts}$，则有：

$$X(z) = X^*(s) = \sum_{n=0}^{\infty} x(nT)e^{-nsT} = \sum_{n=0}^{\infty} x(nT)z^{-n}$$

常用 Z 变换见表 12-1。

表 12-1　常用 Z 变换表

序号	拉普拉斯变换 $E(s)$	时间函数 $e(t)$	Z 变换 $E(z)$
1	e^{-nsT}	$\delta(t - nT)$	z^{-n}
2	1	$\delta(t)$	1
3	$\dfrac{1}{s}$	$1(t)$	$\dfrac{z}{z-1}$
4	$\dfrac{1}{s^2}$	t	$\dfrac{Tz}{(z-1)^2}$
5	$\dfrac{1}{s+a}$	e^{-at}	$\dfrac{z}{z-e^{-at}}$

描述连续系统动态特性的数学模型是微分方程，而描述离散系统动态特性的数学模型是差分方程；差分与微分方程有类似的地方。

设函数 $x = f(t)$ 在第 k 个采样时刻的值为 $x(k)$，在第 $k+1$ 个采样时刻的值为 $x(k+1)$。则函数 $x = f(t)$ 在每两个相邻采样时刻之间的增量 $x(k+1) - x(k)$ 称为函数在第 k 个采样时刻的一阶前向差分；$x(k) - x(k-1)$ 称为一阶后向差分。

n 阶线性定常采样系统的差分方程为：

$$c(k+n) + a_1c(k+n-1) + \cdots + a_nc(k) = b_0r(k+m) + b_1r(k+m-1) + \cdots + b_mr(k)$$

式中，$c(k)$、$r(k)$ 分别表示输出和输入，a_k, b_k 为常系数。

差分方程的求解主要有迭代法和 Z 变换法，前者适合计算机求解，后者多应用于理论分析和计算。

6. 采样控制系统的稳定性分析

1) 采样控制系统稳定的充分必要条件

(1) 时域中采样系统稳定的充分必要条件：设线性定常采样系统差分方程如下所示：

$$c(k) = -\sum_{i=1}^{n} a_i c(k-i) + \sum_{j=0}^{m} b_j r(k-j)$$

则系统稳定的充分必要条件是：当且仅当差分方程所有特征根的模 $|\alpha_i| < 1, i = 1, 2, \cdots, n$，则相应的线性定常采样系统是稳定的。

(2) Z 域中采样系统稳定的充分必要条件：当且仅当采样系统(如图 12-3 所示)闭环特征方程 $D(z) = 1 + GH(z) = 0$ 的全部特征根均分布在 z 平面上的单位圆内，或者所有特征根的模均小于 1，即 $|z_i| < 1, (i = 1, 2, \cdots, n)$，相应的线性定常采样系统是稳定的。

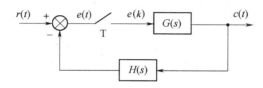

图 12-3　采样控制系统

2) 采样系统的稳定性判据

连续系统稳定判据的实质是判断系统特征方程的根是否都在左半 s 平面，采样系统中则需要判断系统特征方程的根是否都在 z 平面的单位圆内。因此，连续系统的稳定判据不能直接套用。可对其特征方程作双线性变换，即令 $z = \dfrac{w+1}{w-1}$，代入闭环脉冲传递函数，得出关于 w 的方程 $1 + GH(w) = 0$。双线性变换使 z 平面上以原点为圆心的单位圆变成 w 平面上的虚轴，单位圆内变成 w 平面上的左半部分，单位圆外变成 w 平面上的右半部分。经过双线性变换后，所有适合于线性连续系统的稳定判据，都可以应用于线性离散系统，如代数判据、频域判据等。

连续系统的稳定性取决于系统的开环增益 K、系统的零极点分布和传输延迟等因素。影响离散系统稳定性的因素，除与连续系统相同的上述因素外，还有采样周期 T 的数值。K 和 T 对离散系统稳定性的影响如下：

(1) 当采样周期一定时，加大开环增益会使离散系统的稳定性变差，甚至使系统变得不稳定。

(2) 当开环增益一定时，采样周期越长，丢失的信息越多，对离散系统的稳定性及动态、性能均不利，甚至可使系统失去稳定性。

3) 稳态误差

(1) 终值定理法。首先判断系统是否稳定，只有稳定才能计算稳态误差。

然后求误差脉冲传递函数

$$\phi_e(z) = \frac{E(z)}{R(z)} = \frac{1}{1+G(z)}$$

用终值定理计算稳态误差

$$e(\infty) = \lim_{t\to\infty} e^*(t) = \lim_{z\to1}(1-z^{-1})E(z) = \lim_{z\to1}\frac{(z-1)R(z)}{z[1+G(z)]}$$

(2) 静态误差系数法。可直接利用开环系统脉冲传递函数来计算稳态误差。首先判断系统的稳定性，只有系统稳定才能计算稳态误差。

然后确定系统的型别，求系统的静态误差系数：

$$K_p = \lim_{z\to1}[1+G(z)], \quad K_v = \lim_{z\to1}(z-1)G(z), \quad K_a = \lim_{z\to1}(z-1)^2 G(z)$$

然后根据表 12-2 求系统稳态误差。

表 12-2　单位负反馈离散系统的稳态误差

系统型别	位置误差 $r(t) = 1(t)$	速度误差 $r(t) = t$	加速度误差 $r(t) = \frac{1}{2}t^2$
0 型	$\frac{1}{K_p}$	∞	∞
I 型	0	$\frac{T}{K_v}$	∞
II 型	0	0	$\frac{T^2}{K_a}$
III 型	0	0	0

二、实验目的

(1) 掌握用数字—模拟混合仿真的方法研究采样控制系统。

(2) 研究开环增益 K 和采样周期 T 的变化对系统动态性能的影响。

(3) 观察系统在阶跃和斜坡信号作用下的稳态误差。

三、实验方案

1. 模拟电路实验方案

1) 信号的采样与保持

对于图 12-4 所示系统在输入端施加频率为 5Hz 的正弦信号，取不同的采样时间间隔如 2ms、20ms、60ms、100ms 等，观察输出波形的情况，对采样定理进行验证，其实现电路如图 12-5 所示。

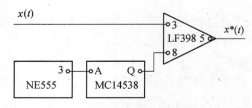

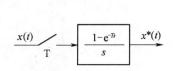

<table>
<tr><td>图 12-4　采样—保持器原理方框图</td><td>图 12-5　采样—保持器实现电路图</td></tr>
</table>

2）采样控制系统的稳定性判断

对于图 12-6 所示采样控制系统，在采样周期和放大系数确定后，可以用离散控制的基本理论来判断闭环控制的稳定性，其模拟电路如图 12-7 所示。

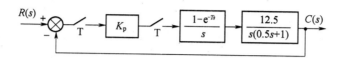

图 12-6　单位负反馈闭环采样控制系统

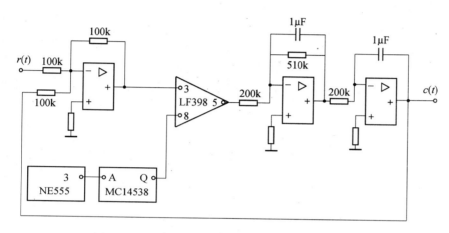

图 12-7　单位负反馈闭环采样控制系统模拟电路图

先将模拟对象离散化，图 12-6 所示闭环采样系统的开环脉冲传递函数为：

$$
\begin{aligned}
G(z) &= Z\left[\frac{1-e^{-Ts}}{s}\frac{12.5}{s(0.5s+1)}\right] \\
&= Z\left[\frac{1-e^{-Ts}}{s}\frac{25}{s(s+2)}\right] \\
&= 25(1-z^{-1})Z\left[\frac{1}{s^2(s+2)}\right] \\
&= 25(1-z^{-1})Z\left[\frac{1}{2s^2}-\frac{1}{4s}+\frac{1}{4(s+2)}\right] \\
&= 25(1-z^{-1})\left[\frac{Tz}{2(z-1)^2}-\frac{z}{4(z-1)}+\frac{z}{4(z-e^{-2T})}\right] \\
&= \frac{6.25[(2T-1+e^{-2T})z+(1-e^{-2T}-2Te^{-2T})]}{(z-1)(z-e^{-2T})}
\end{aligned}
\tag{12-7}
$$

图 12-6 所示系统数字控制器的脉冲传递函数为：$D(z)=K_p$

故闭环脉冲传递函数为：

$$
W(z)=\frac{C(z)}{R(z)}=\frac{D(z)G(z)}{1+D(z)G(z)}
$$

127

$$= \frac{6.25K_{\mathrm{P}}[(2T-1+\mathrm{e}^{-2T})z+(1-\mathrm{e}^{-2T}-2T\mathrm{e}^{-2T})]}{z^{2}+6.25K_{\mathrm{P}}[(2T-1+\mathrm{e}^{-2T})-(1+\mathrm{e}^{-2T})]z+6.25K_{\mathrm{P}}(1-\mathrm{e}^{-2T}-2T\mathrm{e}^{-2T})+\mathrm{e}^{-2T}} \tag{12-8}$$

得到闭环特征方程

$$z^{2}+6.25K_{\mathrm{P}}[(2T-1+\mathrm{e}^{-2T})-(1+\mathrm{e}^{-2T})]z+6.25K_{\mathrm{P}}(1-\mathrm{e}^{-2T}-2T\mathrm{e}^{-2T})+\mathrm{e}^{-2T}=0 \tag{12-9}$$

对线性离散系统，可直接从闭环极点分布判断系统稳定性，如果极点在单位圆内，则系统是稳定的。

3) 数字控制器放大系数对动态性能和稳定性的影响

对于图 12-6 所示采样控制系统，当采样周期保持不变时，可以利用离散系统的稳定判据，求保证系统稳定的临界放大系数。可以看出，不同于二阶连续系统，放大系数太大只是使系统的动态性能变差，而不至于不稳定；而对于离散系统，则当放大系数太大时，系统将变不稳定。

4) 采样周期对动态性能和稳定性的影响

类似地，可以分析当放大系数保持不变时，增大采样周期将使系统的动态性能变差，直至不稳定。

2. MATLAB 软件仿真实验方案

(1) 利用根轨迹法判定图 12-6 闭环离散系统稳定性。

程序 m12_1.m:

```
Ts=0.1;                    %采样周期
num=[12.5];
den=[0.5 1 0];
Go=tf(num,den)             %连续系统开环传递函数
Gc=feedback(Go,1);         %连续系统闭环传递函数
disp('开环脉冲传递函数Gdo');
Gdo=c2d(Go,Ts,'zoh')       %连续系统用零阶保持器离散化
rlocus(Gdo)                %绘制离散系统根轨迹
grid  minor
[K,r]=rlocfind(Gdo)        %确定选定点对应的根轨迹增益
grid minor
```

屏幕输出

Select a point in the graphics window

点击根轨迹与单位圆的一个交点(即临界点)

输出

selected_point = 0.8057 + 0.5768i

K = 1.6354

r = 0.8136+0.5795i

  0.8136-0.5795i

从结果可知当 $0<K<1.6354$，系统的根在单位圆内，系统稳定。

128

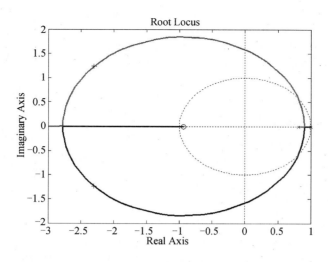

图 12-8　闭环离散系统根轨迹

    (2) 求图 12-6 闭环离散系统，当 *K*=1 时，不同的采样时间对应的单位阶跃响应。
程序 m12_2.m：

```
close all
clear all
clc
K=1;Ts=[0.002 0.02 0.06 0.1];
num=[12.5];
den=[0.5 1 0];
Go=tf(num,den);
Gc=feedback(Go,1);
disp('开环脉冲传递函数Gdo');
hold on
for i=1:4
Gdo=c2d(Go,Ts(i),'zoh')
disp('闭环脉冲传递函数Gdc');
Gdc=feedback(Gdo,1)
step(Gc,'r',Gdc,'b')
end
hold off
grid on
title('K=1,Ts变化时的单位阶跃响应')
```

运行结果：

开环脉冲传递函数 **Gdo**

Transfer function:

4.993e-005 z + 4.987e-005

129

z^2 - 1.996 z + 0.996

Sampling time: 0.002

闭环脉冲传递函数 Gdc

Transfer function:

4.993e-005 z + 4.987e-005

----

z^2 - 1.996 z + 0.9961

Sampling time: 0.002

Transfer function:

0.004934 z + 0.004869

----

z^2 - 1.961 z + 0.9608

Sampling time: 0.02

闭环脉冲传递函数 Gdc

Transfer function:

0.004934 z + 0.004869

----

z^2 - 1.956 z + 0.9657

Sampling time: 0.02

Transfer function:

 0.04325 z + 0.04156

----

z^2 - 1.887 z + 0.8869

Sampling time: 0.06

闭环脉冲传递函数 Gdc

Transfer function:

 0.04325 z + 0.04156

----

z^2 - 1.844 z + 0.9285

Sampling time: 0.06

Transfer function:

 0.1171 z + 0.1095

----

z^2 - 1.819 z + 0.8187

Sampling time: 0.1

闭环脉冲传递函数 Gdc

Transfer function:

 0.1171 z + 0.1095

----

z^2 - 1.702 z + 0.9283

Sampling time: 0.1

程序执行结果如图 12-9 所示。

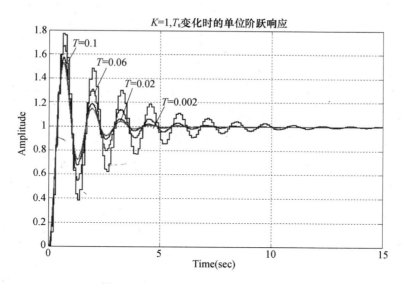

图 12-9　$K=1, T_s$ 变化时的单位阶跃响应

（3）求图 12-6 闭环离散系统，当 $T_s=0.02$ 时，不同的 K 值对应的单位阶跃响应。

程序 m12_3.m：

```
close all
clear all
clc
Ts=0.02;
num=[12.5];
den=[0.5 1 0];
Go=tf(num,den);
K=[1 1.3 1.8 2.5];
hold on
for i=1:4
Gdo=c2d(K(i)*Go,Ts,'zoh');
disp('闭环脉冲传递函数Gdc');
Gdc=feedback(Gdo,1);
step(Gdc);
end
hold off
title('Ts=0.02,K变化时的单位阶跃响应');
grid on
axis([0 6 -0.1 2.2])
```

程序执行结果如图 12-10 所示。

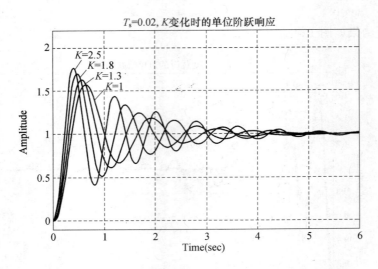

図 12-10 $T_s=0.02$，K 变化时的单位阶跃响应

3. Simulink 仿真实验方案

根据图 12-11 的 Simulink 模块图，分别在 K 一定，T_s 变化及 T_s 一定，K 变化两种情况下，得到相应的输出结果并进行分析。

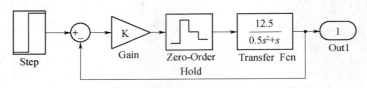

图 12-11　闭环采样系统 Simulink 模块图

四、实验报告要求

(1) 分析图 12-6 闭环采样系统中不同 K 值对系统动态和稳态精度的影响，并画出系统的阶跃响应曲线。

(2) 分析图 12-6 闭环采样系统中采样周期 T 的变化对系统性能的影响。

五、实验思考题

连续二阶线性定常系统，不论开环增益 K 多大，闭环系统总是稳定的，而为什么离散后的二阶系统在 K 大到某一值时会产生不稳定？

实验十三 数字 PID 控制实验

一、实验相关知识

计算机进入控制领域以来，用数字计算机代替模拟调节器组成计算机控制系统，不仅可以用软件实现 PID 控制算法，而且可以利用计算机的优势，使 PID 控制更加灵活。数字 PID 控制成为在生产过程中应用最普遍的控制方法。计算机控制系统原理如图 13-1 所示。

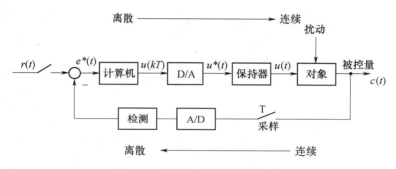

图 13-1　计算机控制系统原理图

1. 数字 PID 控制算法

数字 PID 控制算法通常又分为位置式 PID 控制算法和增量式 PID 控制算法。

1) 位置式 PID 控制算法

按模拟 PID 控制算法公式

$$u(t) = K_P\left[e(t) + \frac{1}{T_I}\int_0^t e(t)\,\mathrm{d}t + \frac{T_D\,\mathrm{d}e(t)}{\mathrm{d}t}\right] = K_P e(t) + K_I\int_0^t e(t)\,\mathrm{d}t + K_D\frac{\mathrm{d}e(t)}{\mathrm{d}t} \tag{13-1}$$

以一系列的采样时刻 kT 代表连续时间 t，以矩形数值积分近似代替积分，以一阶后向差分近似代替微分，有

$$\begin{cases} t = kT \quad (k = 0,1,2,\cdots) \\ \int_0^t e(t)\,\mathrm{d}t \approx T\sum_{j=0}^{k} e(jT) = T\sum_{j=0}^{k} e(j) \\ \dfrac{\mathrm{d}e(t)}{\mathrm{d}t} \approx \dfrac{e(kT) - e[(k-1)T]}{T} = \dfrac{e(k) - e(k-1)}{T} \end{cases} \tag{13-2}$$

为保证足够的精度，采样周期 T 必须足够短，为书写方便，将 $e(kT)$ 简化表示成 $e(k)$,得到离散的 PID 表达式为：

$$u(k) = K_P \left\{ e(k) + \frac{T}{T_I} \sum_{j=0}^{k} e(j) + \frac{T_D}{T} \left[e(k) - e(k-1) \right] \right\} \quad (13\text{-}3)$$

或
$$u(k) = K_P e(k) + K_I \sum_{j=0}^{k} e(j) + K_D \left[e(k) - e(k-1) \right] \quad (13\text{-}4)$$

位置式 PID 控制算法的缺点是，由于采用全量输出，所以每次输出均与过去的状态有关，计算时要对 $e(k)$ 量进行累加，计算机输出控制量 $u(k)$ 可能会出现大幅度变化，$u(k)$ 的大幅度变化会引起执行机构位置的大幅度变化，这种情况在生产中是不允许的，为避免这种情况，常采用增量式 PID 控制算法。

2) 增量式 PID 控制算法

$$\Delta u_k = u_k - u_{k-1} = K_P \left[e_k - e_{k-1} + \frac{T}{T_I} e_k + \frac{T_D}{T} \left(e_k - 2e_{k-1} + e_{k-2} \right) \right] \quad (13\text{-}5)$$

$$\Delta u_k = K_P \left(\Delta e_k + \frac{T}{T_I} e_k + \frac{T_D}{T} \Delta^2 e_k \right) = K_P \Delta e_k + K_I e_k + K_D \Delta^2 e_k \quad (13\text{-}6)$$

$$u_k = u_{k-1} + \Delta u_k \quad (13\text{-}7)$$

其中， $K_P = K_P, K_I = K_P \dfrac{T}{T_I}, K_D = K_P \dfrac{T_D}{T}$ 。

可以看出，由于一般计算机控制系统采用恒定的采样周期 T，一旦确定了 K_P, K_I, K_D，只要使用前后 3 次测量值的偏差，即可求出控制增量。

2. 数字 PID 参数整定方法

数字 PID 是在采样周期 T 足够小的前提下，用数字 PID 去逼近模拟 PID，因此也可以按模拟 PID 参数整定方法来整定控制参数，包括试凑法、临界比例度法等。

下面简要介绍试凑法。

根据如下定性知识：

(1) 通常情况下增加比例系数 K_P，可以加快系统响应，在有静差的情况下，有利于减小静差，但是过大的 K_P 会使系统稳定性变差，产生较大的超调量。

(2) 积分时间常数 T_I 减小，积分作用越强，系统静差消除加快，但稳定性变差。

(3) 微分时间常数 T_D 增大，微分作用越强，属于超前控制，系统响应加快，有利于稳定但对噪声的抑制能力减弱。

但与模拟 PID 控制一样，各控制参数与系统性能指标之间的关系不是绝对的，只是表示一定范围内的相对关系，因为各参数之间还有相互影响，一个参数改变了，另外两个参数的控制效果也会改变。

试凑时，可参考以上参数对控制过程的影响趋势，按照先比例、再积分、再微分的步骤对参数进行整定。

(1) 整定比例部分，将比例系数由小变大，并观察相应的系统响应，直至得到反应快、超调量小的相应曲线。

(2) 如果在比例控制基础上系统静差不能满足设计要求，则加入积分环节，整定时首先置积分时间常数 T_I 为很大值，并将经第一步整定得到的比例系数略为缩小(如缩小至原值的0.8)，然后减小 T_I，使得在保持系统良好动态性能的情况下，静差得以消除，在此过程中，可根据响应曲线的好坏反复改变比例系数和积分时间，以期得到满意的控制过程，得到整定参数。

(3) 若使用比例积分控制消除了静差，但动态性能经反复调整仍不满意，则可加入微分环节，在整定时，先置微分时间常数 T_D 为零，在第二步整定基础上增大 T_D，同样相应地改变比例系数和积分时间常数，逐步试凑以获得满意的控制效果。

在计算机控制系统中，PID 控制是通过计算机程序实现的，由于计算机控制系统中有零阶保持器带来的相位滞后，其控制效果不如连续控制系统，但因为软件编程的灵活性很大，一些在模拟 PID 控制器中难以实现的改进算法均可实现(如积分分离 PID，不完全微分 PID 等)以改进控制效果，满足不同控制系统的需要。

3．积分分离 PID 控制算法

在普通 PID 控制中引入积分环节的目的，主要是为了消除静差，提高控制精度。但在过程的启动、结束或大幅度增减设定时，短时间内系统输出有很大的偏差，会造成 PID 运算的积分积累，致使控制量超过执行机构的最大执行能力所对应的控制量，引起系统出现较大的超调甚至引起振荡，积分分离 PID 控制算法的基本思路是：当被控量与设定值偏差较大时，取消积分作用；当被控量接近给定值时，引入积分控制，以便消除静差，提高控制精度。

4．不完全微分 PID 控制算法

在普通 PID 控制中，微分信号的引入可改善系统的动态性能，但也易引进高频干扰，在误差扰动突变时尤其显出微分项的不足，若在控制算法中加入低通滤波器，则可使系统性能得到改善，即使微分项的传递函数由 $K_P T_D s$ 加入一个一阶惯性环节(低通滤波器) $\dfrac{1}{1+T_f s}$ 变为

$$\frac{K_P T_D s}{1+T_f s} \quad (\text{一般} T_f \text{取} \frac{1}{10}T_D - \frac{1}{3}T_D)$$

微分项离散表达式由

$$u_D(k) = K_P \frac{T_D}{T}[e(k) - e(k-1)]$$

变为

$$u_D(k) = K_P \frac{T_D}{T+T_f}[e(k) - e(k-1)] + \frac{T_f}{T+T_f}u_D(k-1)$$

式中，T 为采样时间。

5．采样时间的确定

计算机控制系统采样频率的选择需要综合考虑多种因素，为使数字控制效果接近连续控制，希望采样周期越小越好，一般要求采样周期

$$T_s \geqslant \frac{1}{10}\frac{2\pi}{\omega_{max}} \quad (\omega_{max} \text{为信号主频谱的最高频率})$$

这时零阶保持器带来的附加相移

$$\varphi_0(\omega) \leqslant -\frac{\omega T_s}{2} = -\frac{\omega}{\omega_s}\pi = -\frac{\pi}{10} = -18°$$

过长的采样周期使微分作用失去意义，反之过短的采样周期会使积分作用失去意义，积分在调节回路中是为了消除静差，而积分部分的增益为 T_s/T_I，当采样周期过短时，在偏差 $e(k)$ 小到一定程度后，$(T_s/T_I)e(k)$ 可能受到计算精度的限制而始终为零，积分部分不再起作用，残差就会保留下来。因此 T_s 的选择必须大到使由计算机计算精度造成的"积分残差"减小到可以接受的程度。

二、实验目的

(1) 研究数字 PID 控制器的参数对系统稳定性及过渡过程的影响。
(2) 研究采用积分分离算法对系统特性的影响。

三、实验内容

1. 模拟电路实验方案

系统结构图如图 13-2 所示。

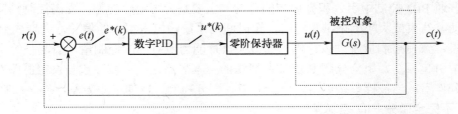

图 13-2 数字 PID 控制系统结构图

图 13-2 中控制对象传递函数为

$$G(s) = \frac{5}{(0.5s+1)(0.1s+1)}$$

系统接线如图 13-3 所示。

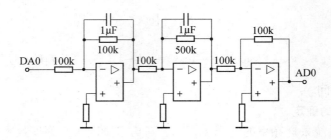

图 13-3 系统接线图

采用增量式数字 PID 算法进行控制，试确定 K_P、K_I、K_D 及采样周期 T 的值，并对不同的控制效果进行对比分析，最后确定一组满意的控制参数。

2. MATLAB 软件仿真实验方案

程序 m13_1.m:

```
%Increment PID Controller
clear all;
close all;
ts=0.005;
sys=tf(100,[1,12,20]);
dsys=c2d(sys,ts,'z');
[num,den]=tfdata(dsys,'v');
u_1=0.0;u_2=0.0;u_3=0.0;
y_1=0;y_2=0;y_3=0;
x=[0,0,0]';
error_1=0;
error_2=0;
for k=1:1:1000
    time(k)=k*ts;
        rin(k)=1.0;
    kp=2;
    ki=0.03;
    kd=0.5;
    du(k)=kp*x(1)+kd*x(2)+ki*x(3);
    u(k)=u_1+du(k);
     if u(k)>=5
       u(k)=5;
    end
    if u(k)<=-5
       u(k)=-5;
    end
    yout(k)=-den(2)*y_1-den(3)*y_2+num(2)*u_1+num(3)*u_2;
    error=rin(k)-yout(k);
    u_3=u_2;u_2=u_1;u_1=u(k);
    y_3=y_2;y_2=y_1;y_1=yout(k);
    x(1)=error-error_1;                %Calculating P
    x(2)=error-2*error_1+error_2;      %Calculating D
    x(3)=error;                        %Calculating I
    error_2=error_1;
    error_1=error;
end
plot(time,rin,'b',time,yout,'r');
xlabel('time(s)');ylabel('rin,yout');
```

实验结果如图13-4所示。

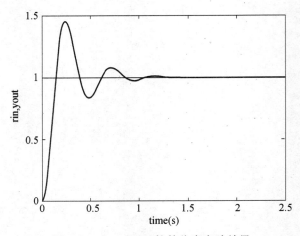

图 13-4　MATLAB 软件仿真实验结果

四、实验报告要求

(1) 采用增量式数字 PID 算法进行控制，试确定 K_P、K_I、K_D 及采样周期 T 的值，并对不同的控制效果进行对比分析，最后确定一组满意的控制参数。

(2) 分析 K_P、K_I、K_D 参数的变化对控制效果的影响。

五、实验思考题

尝试采用积分分离 PID 控制算法及不完全微分 PID 控制算法进行控制并分析各自对控制效果的影响。

实验十四　极点配置全状态反馈控制

一、实验相关知识

1. 连续线性系统

连续线性系统状态空间的表达式为：

$$\begin{cases} \dot{x} = Ax(t) + Bu(t) \\ y = Cx(t) + Du(t) \end{cases} \tag{14-1}$$

式(14-1)的解为

$$\begin{cases} x(t) = e^{At}x(0) + \int_0^t e^{A(t-\tau)}Bu(\tau)\mathrm{d}\tau \\ y(t) = Ce^{At}x(0) + \int_0^t Ce^{A(t-\tau)}Bu(\tau)\mathrm{d}\tau + Du \end{cases} \tag{14-2}$$

其中

$$e^{At} = I + At + \frac{1}{2!}A^2t^2 + \cdots + \frac{1}{k!}A^kt^k + \cdots \tag{14-3}$$

或

$$e^{At} = L^{-1}\left[(sI - A)^{-1}\right] \tag{14-4}$$

式(14-1)所描述的系统的传递函数矩阵为

$$G(s) = C(sI - A)^{-1}B + D \tag{14-5}$$

系统的特征方程式为

$$|sI - A| = 0 \tag{14-6}$$

由系统的状态空间描述模型出发，将进入现代控制理论的领域。基于状态空间描述，可以对系统内部动态作更深入的分析，可以根据系统内部状态与设定要求的关系，在一定具体条件下，设计系统环节，使系统的某种性能指标达到最优，还可以根据系统的不同要求提出不同的性能指标。

其次，状态空间表达式中，矩阵表示法的引入使系统可以用简洁明了的数字表达式描述，并且容易用计算机求解，为多输入多输出(MIMO)系统和时变系统的分析与研究提供有力工具。

2. 状态方程的线性变换

随着状态变量选取的不同及系统结构环节拆分方法的不同，同一个系统的状态空间表达式是不相同的，即状态空间表达式不唯一。换言之，对于一个给定的系统，选取多组状态变量，相应地就有多种状态空间表达式表述同一系统。所选取的各组状态向量之间实际上是一种矢量的线性变换(或称坐标变换)关系。

对式(14-1)中的状态变量作一个可逆线性变换，即令

$$x = P\bar{x} \quad (\text{或} \ \bar{x} = P^{-1}x) \tag{14-7}$$

P为$n \times n$的可逆矩阵。

将式(14-7)代入式(14-1)，可得

$$\begin{cases} \dot{\bar{x}} = \bar{A}\bar{x}(t) + \bar{B}u(t) \\ y = \bar{C}\bar{x}(t) + \bar{D}u(t) \end{cases} \tag{14-8}$$

式中 $\bar{A} = P^{-1}AP, \bar{B} = P^{-1}B, \bar{C} = CP, \bar{D} = D$

采用不同的变换矩阵，就可以得到不同的状态空间表达式，变换前后两个系统的传递函数矩阵相同，矩阵的特征值相同，系统的运动模态相同，两个系统的能控性和能观性也是相同的。

对于线性定常系统，特征值是描述系统动力学特性的一个重要参量，也是系统传递函数的极点。虽然系统的状态空间表达形式不唯一，但由于描述的是同一系统，因此系统的特征值不应随模型表达形式的不同而改变，因此线性变换不改变系统的特征值。

对于一个给定系统，可用不同的方法来定义状态变量，从而得到不同的状态空间表示，即得到不同的系数阵 A、B、C 和 D。标准型的状态空间描述，其系统的内部结构与基本特性可以从它的状态空间表达式直观看出，因此在系统分析和设计中，根据具体要求可以将任意型状态空间描述转换为各类标准型，简化分析过程，如对角标准型、约当标准型、能控标准型、能观标准型等。

3. 线性控制系统的能控性和能观性

系统的能控性和能观性是现代控制理论的两个重要的基本概念，是设计控制器和状态观测器的基础，传递函数矩阵与系统的能控性和能观性之间存在内在联系。

对于线性定常单输入系统 $\begin{cases} \dot{x} = Ax + Bu \\ y = Cx \end{cases}$，如果存在不受约束的控制量 $u(t)$，可以在有限时间内将系统从初态 $x(0)$ 转移至指定的任一终端状态 $x(t)$，则系统被称为是能控的。

系统 $\begin{cases} \dot{x} = Ax + Bu \\ y = Cx \end{cases}$ 完全能控的充分必要条件是其能控性矩阵满秩，即

$$\text{rank}\left[B, AB, A^2B, \cdots, A^{n-1}B \right] = n$$

对于线性定常单输出系统 $\begin{cases} \dot{x} = Ax + Bu \\ y = Cx \end{cases}$，对任意给定的输入信号 $u(t)$，在某一有限时间段内，由有限的观测记录 $y(t)$ 可以确定系统的初始状态 $x(0)$，则系统被称为是能观测的。

系统 $\begin{cases} \dot{x} = Ax + Bu \\ y = Cx \end{cases}$ 完全能观测的充分必要条件是其能观性矩阵满秩，即

$$\text{rank}\begin{bmatrix} C \\ CA \\ CA^2 \\ \vdots \\ CA^{n-1} \end{bmatrix} = n$$

在 MATLAB 中，可利用能控性矩阵计算函数 ctrb() 和能观性矩阵计算函数 obsv() 来求出系统的能控性和能观性矩阵，从而确定系统的能控性和能观性。其调用格式如下。

能控性矩阵计算函数 ctrb()：

$P = \text{ctrb}(A, B)$ 或 $P = \text{ctrb}(sys)$，其中 sys 为状态空间模型的对象。

能观性矩阵计算函数 obsv()：

$Q = \text{obsv}(A, C)$ 或 $Q = \text{obsv}(sys)$，其中 sys 为状态空间模型的对象。

4. 状态反馈和极点配置

常用状态反馈的方法来配置系统极点，使之具有特定的性能。设加入状态反馈后系统结构如图 14-1 所示。

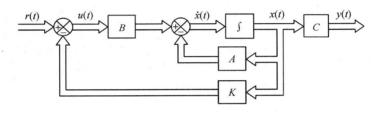

图 14-1　加入状态反馈后的系统结构图

图 14-1 中受控系统 $\sum (A, B, C)$ 的状态空间表达式为

$$\begin{cases} \dot{x} = Ax + Bu \\ y = Cx \end{cases} \tag{14-9}$$

状态反馈控制律为

$$u = r - Kx \tag{14-10}$$

此时闭环系统的状态方程为

$$\begin{cases} \dot{x} = (A - BK)x + Br \\ y = Cx \end{cases} \tag{14-11}$$

该系统的闭环传递函数阵为

$$G_K(s) = C\big[sI - (A - BK)\big]^{-1}B \tag{14-12}$$

所谓极点配置问题，就是通过状态反馈矩阵 K 的选取，使闭环系统 $\sum (A - BK, B, C)$ 的极点，即状态矩阵$(A-BK)$的特征值恰好位于所希望的一组极点的位置上。利用状态反馈任意配置闭环极点的充分必要条件是被控系统可控。

而希望极点位置的选取，实际上是确定综合目标的问题，一般说来，n 维系统必须给定 n 个希望的极点，极点的位置对系统品质的影响，以及与零点分布状况的关系，应从工程实际的角度加以确定。

在完成极点配置后，通常需要引入输入变换放大器，使系统的输出输入的静态关系保持不变，即系统此时的传递函数矩阵为：

$$G_K(s) = C\left[sI - (A - BK)\right]^{-1} BL \tag{14-13}$$

MATLAB 提供了函数 place() 与 acker()，利用 Ackermann 公式计算全状态反馈增益矩阵 K。函数 place() 的调用格式为：

$$K=palce(A,B,P)$$

其中 A、B 分别为状态矩阵与控制矩阵，P 为理想极点构成的向量，返回值 K 为状态反馈矩阵。

函数 acker() 的调用格式与 place() 相同。当系统阶次大于 10 或系统的能控性较弱时，算法的数值稳定性较差。当计算出的极点与给定极点的误差大于 10% 时，给出警告信息。

函数 acker() 适用于单变量系统，但可以求解配置多重极点的问题；函数 place() 不仅适用于单变量系统，也适用于多变量系统的极点配置，但系统不能含有多重期望极点。

二、实验目的

(1) 学习并掌握用全状态反馈的方法实现控制系统闭环极点的任意配置。
(2) 用电路模拟与软件仿真方法研究参数变化对系统性能的影响。

三、实验内容

1. 模拟电路实验方案

典型二阶系统结构图和模拟电路图分别如图 14-2 和图 14-3 所示，状态模拟图如图 14-4 所示。

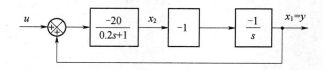

图 14-2　典型二阶系统分解结构图

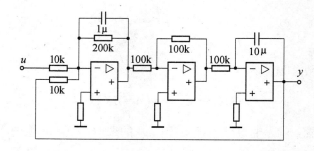

图 14-3　引入状态反馈前的二阶系统模拟电路图

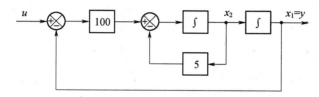

图 14-4 典型二阶系统状态模拟图

系统的状态空间表达式:

(1) 由图 14-2 得

$$(u+x_1)\frac{-20}{0.2s+1}=x_2, \quad 0.2\dot{x}_2+x_2=-20(u+x_1)=-20u-20x_1$$

所以:

$$\dot{x}_1=x_2, \quad \dot{x}_2=-100x_1-5x_2-100u$$

$$\begin{cases} \dot{x}=\begin{bmatrix} 0 & 1 \\ -100 & -5 \end{bmatrix}x+\begin{bmatrix} 0 \\ -100 \end{bmatrix}u \\ y=x_1=\begin{bmatrix} 1 & 0 \end{bmatrix}x \end{cases}$$

系统为负反馈,即输入 u 为正时,输出 y 为负,为便于观察,可令输入 u 为负,则输出 y 为正,不失一般性。

则系统状态空间表达式可改写为:

$$\begin{cases} \dot{x}=\begin{bmatrix} 0 & 1 \\ -100 & -5 \end{bmatrix}x+\begin{bmatrix} 0 \\ 100 \end{bmatrix}u \\ y=x_1=\begin{bmatrix} 1 & 0 \end{bmatrix}x \end{cases} \tag{14-14}$$

(2) 检查能控性

$$\mathrm{rank}\begin{bmatrix} B & AB \end{bmatrix}=\mathrm{rank}\begin{bmatrix} 0 & 100 \\ 100 & -500 \end{bmatrix}=2$$

所以系统完全能控,即具有任意配置闭环极点的可能。

(3) 由性能指标确定希望的闭环极点

令性能指标: $\quad \sigma\% \leqslant 0.25, t_{\mathrm{P}} \leqslant 0.7\mathrm{s}$

由 $\sigma\%=\mathrm{e}^{\frac{-\zeta\pi}{\sqrt{1-\zeta^2}}} \leqslant 0.25$,选择 $\zeta=\dfrac{1}{\sqrt{2}}=0.707$;

由 $t_{\mathrm{P}}=\dfrac{\pi}{\omega_{\mathrm{n}}\sqrt{1-\zeta^2}} \leqslant 0.7\mathrm{s}$,选择 $\omega_{\mathrm{n}}=7$ 。

于是求得希望的闭环极点

$$s_{1,2}=-\zeta\omega_{\mathrm{n}} \pm \mathrm{j}\omega_{\mathrm{n}}\sqrt{1-\zeta^2}=-5 \pm \mathrm{j}7\sqrt{1-\frac{1}{2}}=-5 \pm \mathrm{j}5$$

希望的闭环特征多项式为

$$\varphi(s) = (s+5-j5)(s+5+j5) = s^2 + 10s + 50 \qquad (14\text{-}15)$$

(4) 确定状态反馈系数 K_1 和 K_2。

引入状态反馈后系统的特征方程式为

$$|sI-(A-BK)| = \begin{vmatrix} s & -1 \\ 100+100K_1 & s+5+100K_2 \end{vmatrix} \qquad (14\text{-}16)$$

由式(14-15)、式(14-16)解得

$$K_1 = -0.5, K_2 = 0.05$$

(5) 引入状态反馈后的系统方框图和模拟电路图分别如图 14-5 和图 14-6 所示。

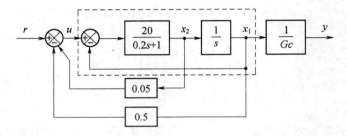

图 14-5　引入状态反馈后的系统方框图

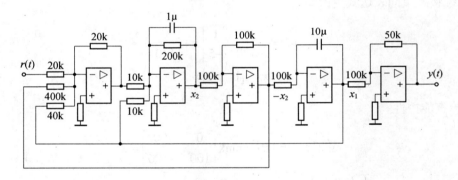

图 14-6　引入状态反馈后的系统模拟电路图

2. MATLAB 软件仿真实验方案

用 MATLAB 程序设计状态反馈闭环系统，使希望的闭环极点为 $s_{1,2} = -5 \pm 5\mathrm{i}$。

MATLAB 程序如下：

```
A=[0 1;-100 -5];B=[0;100];C=[1 0];D=0;      %输入系统矩阵
Gss=ss(A,B,C,D);                            %创建 ss 对象
eig(Gss)                                     %求特征值
ans =
  -2.5000 + 9.6825i
  -2.5000 - 9.6825i
Tc=ctrb(A,B);                               %创建能控阵
```

144

```
rank(Tc)                                    %判断能控性
ans =
    2
P=[-5+5i -5-5i];                            %输入希望极点
K=place(A,B,P)                              %求状态反馈阵
K =
   -0.5000      0.0500
Ac=A-B*K;                                   %创建反馈系统矩阵
eig(Ac)                                     %检验配置极点
ans =
   -5.0000 + 5.0000i
   -5.0000 - 5.0000i
Gcss=ss(Ac,B,C,D);                          %创建反馈系统 ss 对象
figure(1)
step(Gss),hold,step(Gcss)
gtext('Gss')
gtext('Gcss')                              %反馈前后输出波形(图 14-7)
t=0:0.005:2.5;                             %仿真时间设置
r=1*ones(size(t));                         %输入为单位阶跃信号
[Y,X]=lsim(Ac,B,C,D,r,t);                  %求系统输出
U=1-K* X'
figure(2)
plot(t,U)                                  %求控制量u(图14-8)
gtext('u')
grid on
```

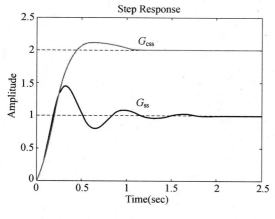

图 14-7 系统加反馈前后的输出波形

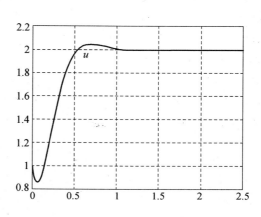

图 14-8 控制量 u

另外应注意控制量u的大小，不要超过系统执行机构的能力，使之进入饱和非线性状态。

经过状态反馈以后系统的输入量是 1，但阶跃响应的稳态值为 2，出现这种情况的原因是因为全状态反馈自身的特性，与其他反馈手段不同，全状态反馈不但要将输出量反馈回去，还要将所有的状态变量反馈到输入端，而输入端的输入量只有一个，静态无差是指输出量反馈回来后与该输入量差值为零。这么多的状态变量都反馈回来，还要做到差值为零，输出量势必要发生变化，其减小或增大与状态反馈矩阵 **K** 有关。

为了达到静态无差，必须设计一种静态增益补偿装置，改善这种状况。其方法就是将系统的输入函数乘以一个参考量，得到系统的参考输入，以此参考输入与反馈回来的值进行比较得到控制量，其系统结构如图 14-9 所示。

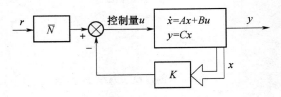

图 14-9　控制系统方框图

增益补偿方法 1：

```
Go=dcgain(Gss)                      %求开环系统静态增益
Go =
    1
Gc=dcgain(Gcss)                     %求闭环系统静态增益
Gc =
   2.0000
Cc=C/Gc;                            %求补偿静态增益
Gcss=ss(Ac,B,Cc,D);
figure(3)
step(Gss),hold,step(Gcss)          %求补偿后的阶跃响应(图 14-10)
gtext('Gss')
gtext('Gcss')
figure(4)
[y,t,x]=step(Gss);                 %返回状态变量
[yc,t,xc]=step(Gcss,t);            %返回加状态反馈系统的状态变量
plot(t,xc,'r--',t,x)               %绘制状态响应曲线(图 14-11)
gtext('xc1')
gtext('xc2')
gtext('x1')
gtext('x2')
```

增益补偿方法 2：

```
s=size(A,1);
Z=[zeros([1,s]) 1];
N=inv([A,B;C,D])*Z';
```

```
Nx=N(1:s);
Nu=N(1+s);
Nbar=Nu+K*Nx;
```

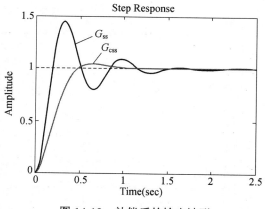

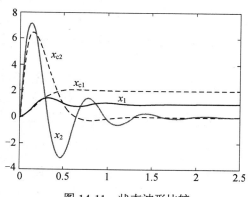

图 14-10 补偿后的输出波形   图 14-11 状态波形比较

这部分代码计算出参考输入的倍数 N_{bar}，然后用 N_{bar} 乘以 B 矩阵就可以得到系统的参考输入。使用参考输入重新求解系统的闭环阶跃响应，就可以让输出量严格跟随输入量的变化了。

```
Bcn=Nbar*B;
Gcss=ss(Ac,Bcn,C,D);
step(Gcss)
hold
Current plot held
step(Gss)
gtext('Gcss')
gtext('Gss')
```
结果如图 14-12 所示。

3. Simulink 仿真实验方案

按照状态模拟图(图 14-4)做出的原系统结构图仿真模型如图 14-13 所示。

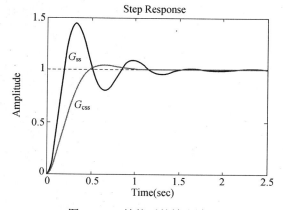

图 14-12 补偿后的输出波形

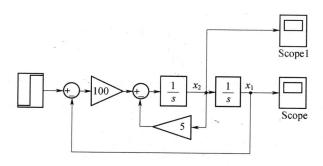

图 14-13 原系统结构图仿真模型

仿真参数设置:

阶跃信号幅值/V	1
阶跃信号起始时间/s	0
示波器坐标轴设置	X轴[0 6]

得到原系统的状态响应如图 14-14 所示。

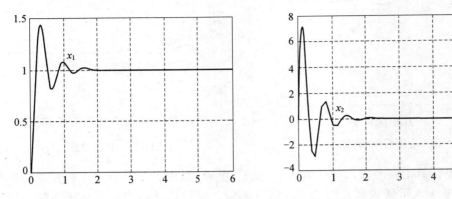

图 14-14　原系统状态响应

加入状态反馈的闭环系统仿真模型如图 14-15 所示。

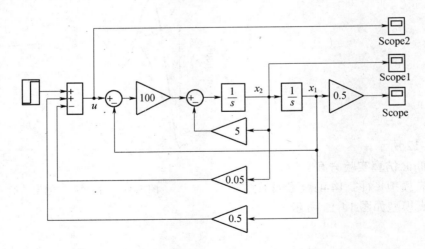

图 14-15　加入状态反馈的闭环系统仿真模型

仿真参数设置:

阶跃信号幅值/V	1
阶跃信号起始时间/s	0
示波器坐标轴设置	X轴[0 6]

得到加入状态反馈的闭环系统的状态响应如图 14-16 所示。

148

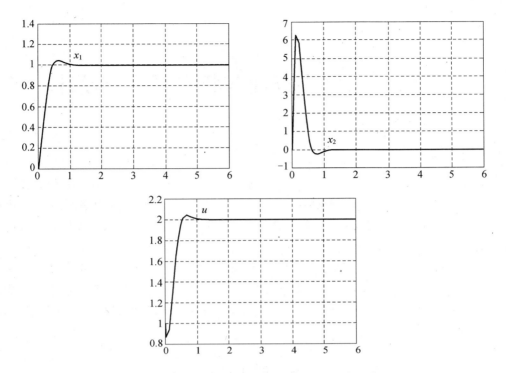

图 14-16　加入状态反馈的闭环系统的状态响应

四、实验报告要求

(1) 用解析法求出原系统的单位阶跃响应表达式，分析系统的响应性能。

(2) 从理论上计算按希望极点配置的状态反馈阵，验证 MATLAB 函数的正确性。

(3) 整理记录实验波形，比较软件仿真与模拟电路仿真的区别及各自的优缺点。

五、实验思考题

(1) 系统闭环极点能任意配置的充要条件是什么？

(2) 为什么引入状态反馈后的系统，其性能优于输出反馈的系统？

(3) 引入状态反馈后的系统的阶跃响应输出稳态值发生改变的原因是什么？

(4) 对比实验五的根轨迹校正方法，同样是配置闭环极点，采用状态反馈的方法有何优点？

实验十五　状态反馈与状态观测器设计

一、实验相关知识

系统的极点配置是通过适当的状态反馈实现的，因而需要系统的全部状态信息。但在许多情况下不可能实际获得系统的全部状态信息，解决的途径之一就是利用系统中实际可测量与已知信息，来估计无法直接测量的那些状态变量，用来估计或观测状态变量的装置，称为状态观测器。

利用输入信号与已知实际系统 $\sum(A, B, C)$ 的参数，可以复现具有相同动态方程的模拟系统的状态向量，作为原系统的估计值，如图 15-1 所示，$\hat{x}$ 和 $\hat{y}$ 分别代表观测器系统的状态变量与输出，称为开环观测器。这种观测器只有当观测器的初态和系统初态完全相同时，$\hat{x}(t)$ 才严格等于系统真实状态。

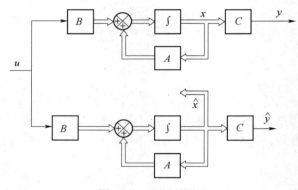

图 15-1　开环观测器

一般情况下，$\hat{x}(t)$ 和 $x(t)$ 间的等价性常采用渐近或稳态等价定义，即

$$\lim_{t \to \infty}(x - \hat{x}) = 0 \tag{15-1}$$

采用如图 15-2 所示的观测器结构，称为渐近观测器或全维观测器。其中 G 为状态观测器的输出误差反馈矩阵。在观测器中引入反馈环节，用实际系统输出和观测器输出的差值来校正观测器。渐近观测器方程如下：

$$\dot{\hat{x}} = A\hat{x} + Bu + G(y - \hat{y}) = A\hat{x} + Bu + Gy - GC\hat{x}$$

$$= (A - GC)\hat{x} + Bu + Gy \tag{15-2}$$

设状态估计的误差为

$$e = x - \hat{x} \tag{15-3}$$

则有

$$\dot{e} = \dot{x} - \dot{\hat{x}} = (A - GC)(x - \hat{x}) \tag{15-4}$$

式(15-4)的解为

$$x - \hat{x} = e^{(A-GC)t} \left[x(0) - \hat{x}(0) \right] \tag{15-5}$$

要想让 $\hat{x}(t)$ 尽量快地趋近于 $x(t)$，即 $\lim\limits_{t\to\infty}(x-\hat{x}) = 0$，则要合理地选择矩阵的 $(A-GC)$ 的特征值。

(1) 观测器的极点也就是 $(A\text{-}GC)$ 的特征值均应具有负实部。

(2) 负实部越大，逼近速度越快。

(3) 逼近速度越快，抗干扰能力越差。

(4) 线性定常系统 $\Sigma(A, B, C)$，其观测器 $\hat{\Sigma}(A-GC, B, G)$ 可以任意配置极点，即具有任意逼近速度的充分必要条件是 $\Sigma(A, B, C)$ 为状态完全能观系统。

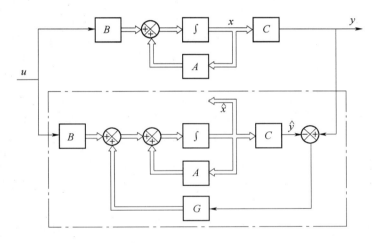

图 15-2　渐近观测器

全阶观测器的设计是确定一个合适的的增益矩阵 G，使得 $(A-GC)$ 具有任意期望的特征值，因此与极点配置问题相通。利用对偶原理，若原系统 $\sum(A, C)$ 能观测，则对偶系统 $\sum(A^T, C^T)$ 一定能控，又由状态反馈极点配置的充要条件知，适当选择反馈阵 G^T，可使 $(A^T - C^T G^T)$ 的特征值任意配置，而 $(A^T - C^T G^T)$ 的特征值与其转置矩阵 $(A-GC)$ 的特征值相同，因此适当选择 G 阵，可使 $(A-GC)$ 的特征值任意配置。

在 MATLAB 中，求解过程如下：

(1) 构造原系统的对偶系统。

(2) 使用 MATLAB 的函数 place() 或 acker()，求得状态观测器的反馈矩阵 G，即

$$G^T = \text{place}(A^T, C^T, P) \text{ 或 } G^T = \text{acker}(A^T, C^T, P)$$

式中：P 为给定观测器的极点，G 为状态观测器的反馈矩阵。

构造观测器的目的是为了使状态反馈得以实现。一个带观测器的状态反馈系统如图 15-3 所示，带观测器的状态反馈闭环系统由三部分组成，即原受控系统、观测器和状态反馈。

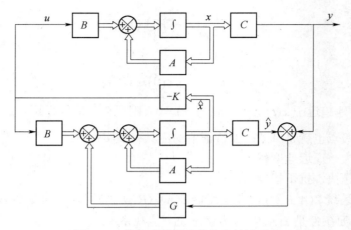

图 15-3 带状态观测器的状态反馈系统

若受控系统既要实现观测器又要进行状态反馈，则受控系统应该是能控且能观的，闭环极点包括直接状态反馈系统的极点和观测器的极点两部分，二者独立，相互分离，在极点配置时可以根据各自的要求分别予以配置。

在利用观测器的状态反馈系统中，观测器的极点在传递函数阵中没有反映，但它对系统的动态性能仍然有很大的影响，通常将观测器的极点配置的观测器的响应速度比受控系统稍快些，从而使控制器的极点在系统响应中起主导作用，为了能使在不同的初始状态 $\hat{x}(t_0) \neq x(t_0)$，使 $\hat{x}(t)$ 能以最快的速度趋于实际系统的状态 $x(t)$，必须把状态观测器接成闭环形式，且它的极点配置距 s 平面虚轴的距离应大于状态反馈系统的极点距虚轴的距离。

但如果观测器的极点比系统所要配置的极点离虚轴远得多，这时观测器又起到微分器的作用，而引入微分器将会使系统的抗干扰能力降低，这也是不希望的结果。

二、实验目的

(1) 熟悉状态观测器的原理与结构组成。
(2) 用状态观测器的状态估计值对系统的闭环极点进行任意配置。

三、实验内容

1. 模拟电路实验方案

1) 状态反馈的设计

一个二阶系统的原理方框图如图 15-4 所示。

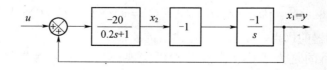

图 15-4 二阶系统的原理方框图

其状态空间表达式如式(15-6)所示。

$$\begin{cases} \dot{x} = \begin{bmatrix} 0 & 1 \\ -100 & -5 \end{bmatrix} x + \begin{bmatrix} 0 \\ 100 \end{bmatrix} u \\ y = x_1 = \begin{bmatrix} 1 & 0 \end{bmatrix} x \end{cases} \tag{15-6}$$

由 $\operatorname{rank}\begin{bmatrix} B & AB \end{bmatrix} = \operatorname{rank}\begin{bmatrix} 0 & 100 \\ 100 & -500 \end{bmatrix} = 2$ ，$\operatorname{rank}\begin{bmatrix} C \\ CA \end{bmatrix} = \begin{bmatrix} 1 & 0 \\ 0 & 1 \end{bmatrix} = 2$

可知系统能控且能观，状态变量 x_1 和 x_2 均不能测量，试用状态反馈使闭环系统的阻尼比

$$\zeta = \frac{1}{\sqrt{2}} = 0.707 , \quad \omega_n = 7$$

根据给定的 ζ 和 ω_n ，求得系统的闭环极点

$$s_{1,2} = -\zeta\omega_n \pm \mathrm{j}\omega_n \sqrt{1-\zeta^2} = -5 \pm \mathrm{j}7\sqrt{1-\frac{1}{2}} = -5 \pm \mathrm{j}5$$

相应的特征方程为

$$\varphi(s) = (s+5-\mathrm{j}5)(s+5-\mathrm{j}5) = s^2 + 10s + 50 \tag{15-7}$$

因为能控，所以闭环极点能任意配置，令 $K = \begin{bmatrix} K_1 & K_2 \end{bmatrix}$ ，则状态反馈后系统的闭环特征多项式为：

$$\det[sI - (A-BK)] = s^2 + (5+100K_2)s + (100+100K_1) = 0 \tag{15-8}$$

对比式(15-7)、式(15-8)得

$$K_1 = -0.5 , \quad K_2 = 0.05$$

2) 状态观测器的设计

状态观测器的状态方程为

$$\dot{\hat{x}} = (A-GC)\hat{x} + Bu + Gy$$

令 $G = \begin{bmatrix} g_1 \\ g_2 \end{bmatrix}$ ，$A-GC = \begin{bmatrix} -g_1 & 1 \\ -100-g_2 & -5 \end{bmatrix}$

$$\det[sI - (A-GC)] = s^2 + (g_1+5)s + (5g_1+g_2+100) \tag{15-9}$$

为使 $\hat{x}$ 尽快地趋于实际的状态 x ，要求观测器的特征值小于闭环极点的实部，现设观测器的特征值 $s_{1,2} = -8 \pm \mathrm{j}10$ ，据此得：

$$(s+8-\mathrm{j}10)(s+8+\mathrm{j}10) = s^2 + 16s + 164 \tag{15-10}$$

比较式(15-9)、式(15-10)得 $g_1 = 11$ ，$g_2 = 9$ ，于是求得观测器的状态方程为

$$\dot{\hat{x}} = \begin{bmatrix} -11 & 1 \\ -109 & -5 \end{bmatrix}\hat{x} + \begin{bmatrix} 0 \\ 100 \end{bmatrix}u + \begin{bmatrix} 11 \\ 9 \end{bmatrix}y \tag{15-11}$$

用观测器的状态估计值构成系统的控制量为:

$$u = \begin{bmatrix} -0.5 & 0.05 \end{bmatrix}\begin{bmatrix} \hat{x}_1 \\ \hat{x}_2 \end{bmatrix} = -0.5\hat{x}_1 + 0.05\hat{x}_2 \tag{15-12}$$

图 15-5 和图 15-6 分别为观测器系统的方框图和模拟电路图。

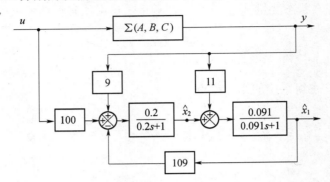

图 15-5　适于模拟的结构图

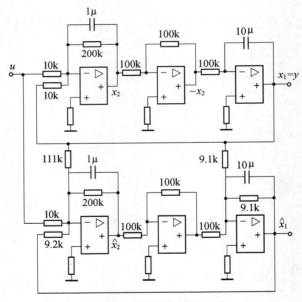

图 15-6　观测器的模拟电路

图 15-7 为用观测器的状态估计值对系统进行状态反馈的模拟电路图。

2. MATLAB 软件仿真实验方案

已知系统的状态空间表达式为 $\begin{cases} \dot{x} = \begin{bmatrix} 0 & 1 \\ -100 & -5 \end{bmatrix}x + \begin{bmatrix} 0 \\ 100 \end{bmatrix}u \\ y = x_1 = \begin{bmatrix} 1 & 0 \end{bmatrix}x \end{cases}$

154

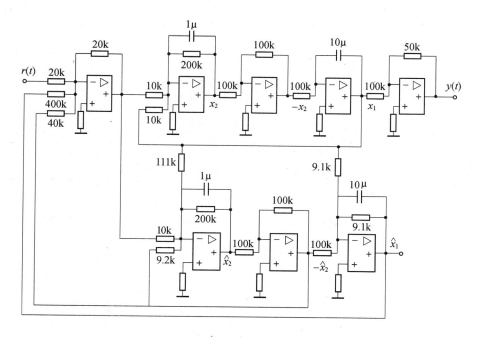

图 15-7　观测器状态实现反馈的模拟电路图

(1) 设计状态观测器的反馈矩阵 G，使观测器极点为 $s_{1,2} = -8 \pm j10$，画出状态变量图。

(2) 仿真状态观测器输出波形，与原系统波形比较，分析渐进特性与观测器极点的关系。

(3) 按实验十四设计的状态反馈希望极点 $-5 \pm j5$，用观测器状态实行反馈，测试输出波形并与实验十四的结果比较。

MATLAB 程序如下：

```
A=[0 1;-100 -5];B=[0;100];C=[1 0];D=0;        %输入系统矩阵
To=obsv(A,C);                                  %创建能观测矩阵
rank(To)                                       %判断能观性
ans =
    2
P=[-8+10i -8-10i];                             %输入观测器希望极点
G=place(A',C',P)'                              %求观测器反馈矩阵
G =
   11.0000
    9.0000
Ao=A-G*C                                       %创建观测器系统矩阵
Ao =
 -11.0000    1.0000
 -109.0000   -5.0000
eig(Ao)                                        %检验观测器的特征值
ans =
```

155

```
   -8.0000 +10.0000i
   -8.0000 -10.0000i
```
求零输入响应：

```
X0=[0.5;-0.5];                              %输入初始条件
t=0:0.01:2.5;                               %给出时间数组
u=0*t;                                      %设定零输入信号
Gss=ss(A,B,C,D);                            %创建原系统 ss 对象
[y,t,x]=lsim(Gss,u,t,X0);                   %求系统时域响应并返回变量
Goss=ss(Ao,G,C,D);                          %创建观测器的 ss 对象，G 代替 B
[yc,t,xc]=lsim(Goss,y,t);                   %求观测器的时域响应
plot(t,yc,t,y,'--'),figure,plot(t,xc,t,x,'--')   %求响应曲线并比较波形(图 15-8，图 15-9)
```

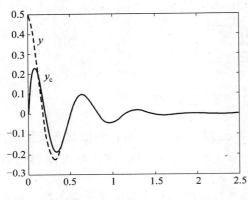

图 15-8　零输入响应输出波形比较

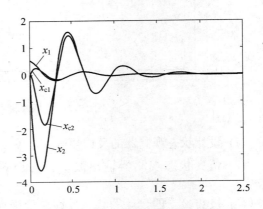

图 15-9　零输入响应状态波形比较

　　由曲线的比较可知，在时间 2s 以后，观测器状态的 2 条曲线，可以较好地逼近原系统状态的 2 条曲线。

求零状态响应：

```
Gss=ss(A,B,C,D);                            %创建原系统 ss 对象
[y,t,x]=step(Gss);                          %求原系统阶跃响应
Bo=[B G];                                   %创建观测器等效的输入矩阵
Goss=ss(Ao,Bo,C,D);                         %创建观测器 ss 对象
u=1+0*t;                                    %设定阶跃输入向量
u0=[u y];                                   %创建观测器输入向量
[yc,t,xc]=lsim(Goss,u0,t);                  %求观测器响应
plot(t,yc,t,y,'r--')                        %画出输出波形(图 15-10)
grid
figure
plot(t,xc,t,x,'r--')                        %画出状态变量波形(图 15-11)
grid
```

　　由图 15-10 和图 15-11 可以看出，观测器的零状态响应输出波形和状态波形与原系统的波形基本一致。

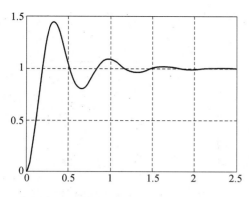

图 15-10　观测器的零状态响应输出波形

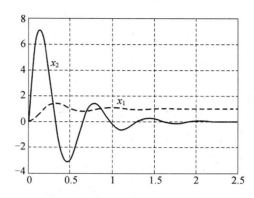

图 15-11　观测器的零状态响应状态波形

　　根据分离定理，带状态观测器系统的极点配置与状态观测器的设计可分开进行，在这里希望的状态反馈极点为 $-5 \pm j5$，用观测器状态实行反馈，读者可根据实验十四的方法自行设计并进行静态增益补偿。

3. Simulink 仿真实验方案

在 Simulink 环境下建立观测器系统模型如图 15-12 所示。

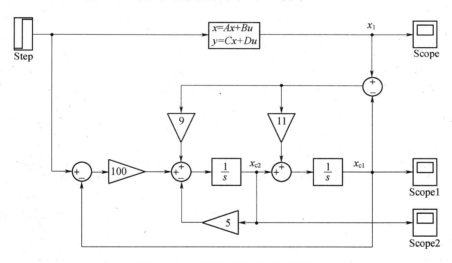

图 15-12　观测器结构图仿真模型

仿真参数设置：

阶跃信号幅值/V	1
阶跃信号起始时间/s	0
示波器坐标轴设置	X 轴[0　3]

实验结果如图 15-13，图 15-14 和图 15-15 所示。

　　在 Simulink 环境下建立观测器状态的反馈系统模型如图 15-16 所示。

　　实验结果如图 15-17，图 15-18 和图 15-19 所示。

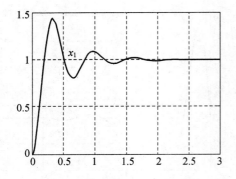

图 15-13　原系统状态 x_1 响应

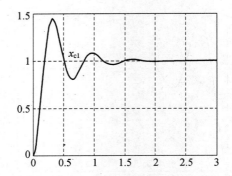

图 15-14　观测器状态 x_{c1} 响应

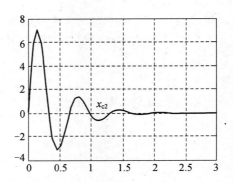

图 15-15　观测器状态 x_{c2} 响应

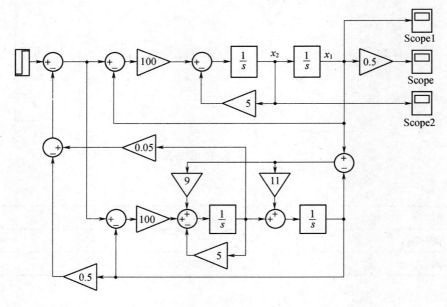

图 15-16　观测器状态反馈

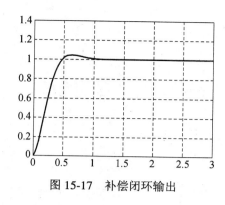

图 15-17　补偿闭环输出

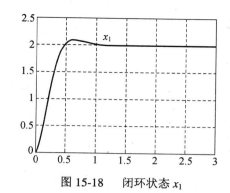

图 15-18　闭环状态 x_1

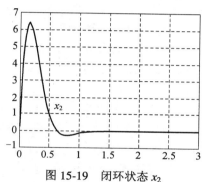

图 15-19　闭环状态 x_2

四、实验报告要求

(1) 按实验要求，完成观测器的理论设计，求出观测器反馈矩阵 G，并与 MATLAB 函数的计算结果对照。

(2) 整理记录实验波形，比较观测器响应与原系统响应波形的关系。

(3) 比较观测器状态反馈闭环系统的输出与原直接反馈闭环系统的输出波形，验证观测器反馈与直接反馈的等效性。

五、实验思考题

(1) 观测器中的反馈矩阵 G 起什么作用？

(2) 观测器中矩阵 $(A-GC)$ 极点能任意配置的条件是什么？

(3) 为什么观测器极点要设置得比系统的极点更远离 s 平面的虚轴？

实验十六　线性二次型最优控制器设计

一、实验相关知识

通过极点配置实现的系统设计，虽然可以使系统获得满足期望特性的特征方程，具有符合要求的系统极点，但是这种期望和要求的取得往往是工程上各个动、静态指标折中的结果，而不是最优的控制效果。工程中会有一类情况要求系统的某一性能指标达到最优，比如从某一位置运动到另一位置时所用时间最短，或者在运动过程中消耗的能量最少、路径误差最小等等，这类问题就是所谓的最优控制问题。最优控制理论是现代控制理论的重要组成部分。

最优控制理论主要是依据庞德里亚金的极值原理，通过对性能指标的优化寻找可以使目标函数值极小的控制器。其中如果其性能指标是状态变量和(或)控制变量的二次型函数的积分，则这种动态系统的最优化问题称为线性系统二次型性能指标的最优控制问题，线性二次型问题的最优解可以写成统一的解析表达式和实现求解过程的规范化，并可简单地采用状态线性反馈控制律构成闭环最优控制系统，能够兼顾多项性能指标，因此得到特别的重视，成为现代控制理论中发展较为成熟的一部分。利用线性二次型性能指标设计的控制器称作LQR(Linear Quadratic Regulator)控制器。

已知线性定常系统方程为

$$\begin{cases} \dot{x}(t) = Ax(t) + Bu(t) \\ y(t) = Cx(t) \end{cases} \tag{16-1}$$

确定下列最佳控制向量的矩阵 K：

$$u(t) = -Kx(t) \tag{16-2}$$

使得下列性能指标达到最小值：

$$J = \int_0^\infty (x^\mathrm{T}Qx + u^\mathrm{T}Ru)\mathrm{d}t \tag{16-3}$$

式中，Q 为 $n \times n$ 维正定(或半正定)状态加权矩阵，表示状态向量各元素在目标函数中的重要程度。R 为 $r \times r$ 维正定控制加权矩阵，表示控制向量各元素的权重值。式中第一项表示动态误差的积累，第二项表示消耗的控制能量总和。事实上，这两部分是相互制约的，要求控制状态的误差平方积分减小，必然导致控制能量消耗的增大；反之，为了节省控制能量，就不得不降低对控制性能的要求。求两者之和的最优值，实质上是求取在某种最优意义下的折中，这种折中侧重哪一方面，取决于加权矩阵 Q 与 R 的选取。

线性二次型最优控制器的设计步骤如下。

(1) 解退化矩阵 Riccati 方程(16-4)，求出矩阵 P，如果存在正定矩阵 P(某些系统可能没有正定矩阵 P)，则系统是稳定的，即矩阵 $A - BK$ 是稳定的。

160

$$A^{\mathrm{T}}P + PA - PBR^{-1}B^{\mathrm{T}}P + Q = 0 \qquad (16\text{-}4)$$

(2) 将矩阵 P 代入方程(16-5)中，求得的矩阵 K 即为最佳矩阵。

$$K = R^{-1}B^{\mathrm{T}}P \qquad (16\text{-}5)$$

如果性能指标以输出向量的形式给出，而不是以状态向量的形式给出的，即

$$J = \int_0^\infty (y^{\mathrm{T}}Qy + u^{\mathrm{T}}Ru)\mathrm{d}t \qquad (16\text{-}6)$$

则可以利用输出方程 $y = Cx$，将性能指标修改为：

$$J = \int_0^\infty (x^{\mathrm{T}}C^{\mathrm{T}}QCx + u^{\mathrm{T}}Ru)\mathrm{d}t \qquad (16\text{-}7)$$

然后应用上述的设计步骤去求最佳矩阵 K。

在 MATLAB 中，求解代数 Riccati 方程可用 are 函数，线性二次型调节器的设计可直接采用 lqr 函数。

当采用函数 lqr() 求解线性连续系统的最优调节器时，其调用格式为：

[K,P,E] = LQR(A,B,Q,R)

返回矩阵 K 为最优反馈增益矩阵，即 $u = -Kx$。P 为 Riccati 方程的解，E 为反馈后系统状态矩阵 $A-BK$ 的特征根。

二、实验目的

在现代控制理论中，常用的控制方法之一是线性二次型性能指标最优控制(LQR控制)，通过本实验，学习掌握LQR控制器的设计方法，了解Q、R参数对系统性能指标的影响。

三、实验内容

已知一个二阶系统的状态空间表达式为

$$\begin{cases} \dot{x} = \begin{bmatrix} 0 & 1 \\ -100 & -5 \end{bmatrix}x + \begin{bmatrix} 0 \\ 100 \end{bmatrix}u \\ y = x_1 = \begin{bmatrix} 1 & 0 \end{bmatrix}x \end{cases}$$

1. 模拟电路实验方案

其典型分解结构图和模拟电路图分别如图 16-1 和图 16-2 所示，状态模拟图如图 16-3 所示。

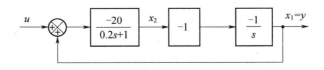

图 16-1　典型分解结构图

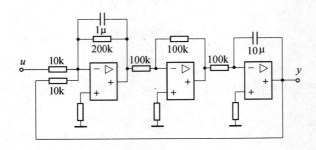

图 16-2　引入最优控制前的二阶系统模拟电路图

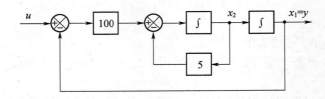

图 16-3　引入最优控制前的状态模拟图

2．MATLAB 软件仿真实验方案

求原系统各状态阶跃响应的 MATLAB 程序如下：

```
A=[0 1;-100 -5];B=[0;100];C=[1 0];D=0;        %输入系统矩阵
Gss=ss(A,B,C,D);                              %创建ss对象
t=0:0.005:3;                                  %仿真时间设置
U=1*ones(size(t));                           %输入为单位阶跃信号
[Y,X]=lsim(A,B,C,D,U,t);                      %求阶跃响应
plot(t,X(:,1),'r-'),hold,plot(t,X(:,2),'b-') %作图(图16-4)
legend('X1','X2')                            %加标注
grid on
```

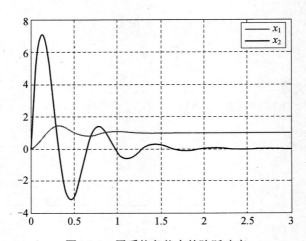

图 16-4　原系统各状态的阶跃响应

引入最优控制后的状态模拟图如图16-5所示，模拟电路图如图16-6所示。

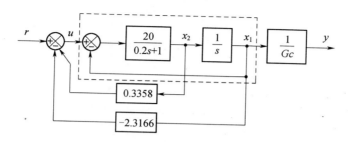

图 16-5　引入最优控制后的状态模拟图

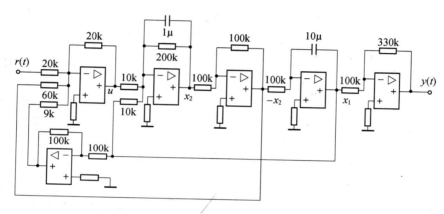

图 16-6　引入最优控制后的闭环系统模拟电路图

用 **MATLAB** 进行 **LQR** 最优控制设计的程序如下：

```
A=[0 1;-100 -5];B=[0;100];C=[1 0];D=0;          %输入系统矩阵
Tc=ctrb(A,B);                                    %创建能控阵
rank(Tc)                                         %判断能控性
ans =
     2
Q=[100 0;0 1];R=10;                              %设置加权矩阵Q和R
K=lqr(A,B,Q,R)                                   %求最优控制反馈阵
K =
     2.3166       0.3358
Ac=A-B*K;
eig(Ac)                                          %检验闭环极点
ans =
  -12.9318
  -25.6470
K1=place(A,B,[-12.9318,-25.6470])
K1 =
2.3166              0.3358                        %由闭环极点反推验证
```

163

```
Gcss=ss(Ac,B,C,D);              %创建ss对象
t=0:0.005:1;                    %仿真时间设置
r=1*ones(size(t));              %输入为单位阶跃信号
[Y,X]=lsim(Ac,B,C,D,r,t);       %求系统输出
plot(t,X(:,1),'r-');hold on;    %作图(图16-7)
plot(t,X(:,2),'b-')
legend('X1','X2')               %加标注
grid on
U=1-K* X'
figure
plot(t,U)                       %求控制量u(图16-8)
gtext('u')
grid on
```

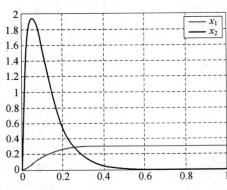

图 16-7　引入最优控制后的系统状态图(静态增益补偿之前)

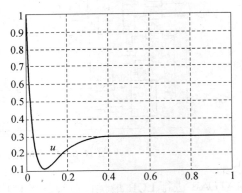

图 16-8　控制量 u

　　另外应注意控制量 u 的大小，不要超过系统执行机构的能力，使之进入饱和非线性状态。

　　与状态反馈实验中的情形一样，在采用 LQR 最优控制进行控制器设计的过程中，是把输出信号反馈回来乘以一个系数矩阵 K，然后与输入量相减得到控制信号，这就使得输入与反馈的量纲不一致，为了达到静态无差，必须设计一种静态增益补偿装置以改善这种状况。其方法就是将系统的输入函数乘以一个参考量，得到系统的参考输入，以此参考输入与反馈回来的值进行比较得到控制量，其系统结构图如图 16-9 所示。

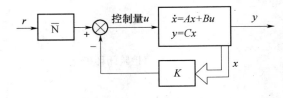

图 16-9　控制系统方框图

```
Gc=dcgain(Gcss)                 %静态增益补偿
Gc =
    0.3015
```

```
Cc=C/Gc;
Gcss=ss(Ac,B,Cc,D);
figure
step(Gss),hold,step(Gcss)            %求补偿后的阶跃响应(图 16-10)
gtext('Gss')
gtext('Gcss')
grid on
```

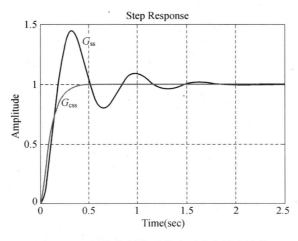

图 16-10　最优控制前后的阶跃响应输出比较

3．Simulink 仿真实验方案

在 Simulink 环境下建立原系统模块如图 16-11 所示。

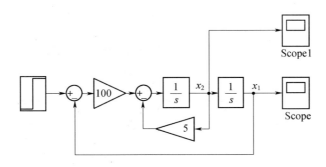

图 16-11　原系统结构图仿真模型

仿真参数设置：

阶跃信号幅值/V	1
阶跃信号起始时间/s	0
示波器坐标轴设置	X 轴[0　4]

得到原系统的状态响应如图 16-12 所示。

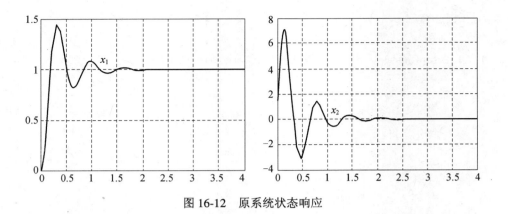

图 16-12　原系统状态响应

在 Simulink 环境下建立引入最优控制后的闭环系统模块如图 16-13 所示。

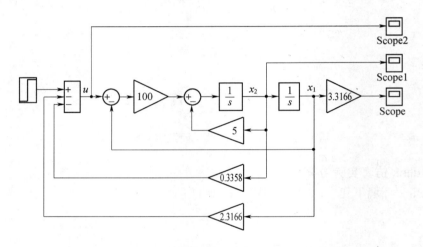

图 16-13　引入最优控制后的闭环系统仿真模型

仿真参数设置：

阶跃信号幅值/V	1
阶跃信号起始时间/s	0
示波器坐标轴设置	X 轴[0　4]

得到引入最优控制后的系统状态响应如图 16-14 所示。

在运用线性二次型最优控制算法进行控制器设计时，一个关键问题就是二次型性能指标泛函中加权矩阵 Q 和 R 的选取，不同的加权矩阵会使最优控制系统具有不同的动态性能，加权对角阵 Q 的各元素分别代表系统输出对各个状态变量的敏感程度，增加 Q 值将改善系统性能，使稳定时间和上升时间变短。

系统对输入的敏感程度由加权矩阵 R 表示，R 的减小，会导致控制能量加大，应注意控制 u 的大小，不要超过系统执行机构的能力，使之进入饱和非线性状态。

试改变 Q 和 R 的值重做实验，再对实验结果进行对比分析。

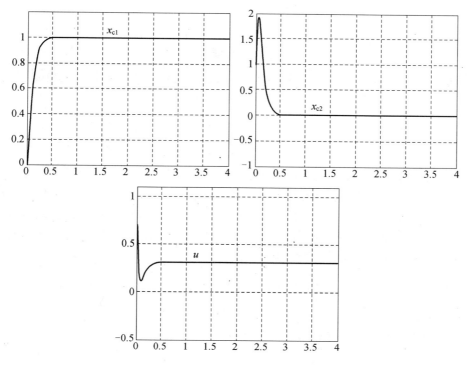

图 16-14 引入最优控制后的系统状态响应

五、实验报告要求

(1) 用 MATLAB 编程进行 LQR 最优控制器设计，并整理记录实验波形，再用模拟电路实验方法进行验证。

(2) 调整 Q 矩阵的参数值，进行仿真，并观察 Q 矩阵对控制系统性能的影响并加以分析总结。

(3) 调整 R 矩阵的参数值，进行仿真，并观察 R 矩阵对控制系统性能的影响并加以分析总结。

六、实验思考题

对于极点配置状态反馈和线性二次型性能指标最优控制两种控制器设计方法，分析它们有何相同之处，又各自有什么特点？

课程设计一　双闭环直流调速系统课程设计

一、概述

转速、电流双闭环直流调速系统是一种典型的自动控制系统，是自动控制原理在工程领域的一种典型应用，本课程设计针对一组控制对象的参数，分别采用模拟电路仿真(由运算放大器和电阻、电容、稳压二极管等分立元件构成)和 MATLAB/Simulink 仿真两种方法分别对系统的各项动静态性能指标进行实验研究。本课程设计侧重对实验方法和实现手段的学习，与本课程设计相关的理论知识请参阅参考文献[2]。

二、基于模拟电路仿真的双闭环直流调速系统课程设计

1．系统参数

设一脉宽调制(PWM)型双闭环直流调速系统基本参数如下：

直流电动机：

$$U_{ed} = 5V，\quad I_{ed} = 4A，\quad n_{ed} = 5r/min，\quad C_e = 0.556V \cdot min/r，\quad \lambda = 1.2$$

将 PWM 逆变器视作一阶惯性环节，其传递函数为：

$$\frac{K_s}{T_s + 1}$$

其中逆变器放大倍数 $K_s = 1$；逆变器滞后时间常数 $T_s = 0.01s$。

电枢回路总电阻：　　　　　　　　　$R = 0.6 \ \Omega$

时间常数：　　　　　　　　　　$T_1 = 0.167s, \ T_m = 0.282s$

电流反馈系数：　　　　　　　　　　$\alpha = 1$

转速反馈系数：　　　　　　　　　　$\beta = 1$

设计要求如下：

(1) 稳态精度：无静差。

(2) 动态指标。在突加给定条件下：

电流超调量：$\sigma_i\% \leqslant 20\%$，调节时间 $t_{si} \leqslant 100ms$；

转速超调量：$\sigma_n\% \leqslant 15\%$，调节时间 $tsn \leqslant 500ms \ (n=2r/min)$。

(3) 抗扰性能。在负载波动±50%时：$\Delta n_{max}\% \leqslant 5\%$，恢复时间 $t_f \leqslant 200ms$；

在电压波动±15%时：$\Delta n_{max}\% \leqslant 2.5\%$，恢复时间 $t_f \leqslant 100ms$。

注：参数设计考虑到避免运算放大器出现饱和，但实验结果仍不失一般性。

2．电流环设计

转速、电流双闭环调速系统是一种多环系统，设计多环系统的一般方法是：从内环开始，逐步向外环扩大，一环一环地进行设计。因此先从电流环入手，首先设计好电流调节器，然

后把电流环看作是转速调节系统的一个环节，再设计转速调节系统。

图 17-1 所示为电流环动态结构图，其中各环节均用模拟实验箱上的运放及电阻电容搭建。

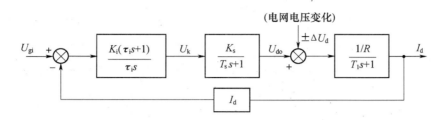

图 17-1　电流环动态结构图

电流环可设计成典型 I 型系统或典型 II 型系统，典型 I 型系统跟随性能好而抗扰性能较差，典型 II 型系统抗扰性能好而跟随性能较差，这两种情况电流调节器均可采用 PI 调节器，其传递函数为 $\dfrac{K_i(\tau_i s+1)}{\tau_i s}$，若设计成典型 I 型系统其参数为 $\dfrac{5(0.167s+1)}{0.167s}$，若设计成典型 II 型系统其参数为 $\dfrac{6(0.05s+1)}{0.05s}$。按典型 I 型系统设计和按典型 II 型系统设计模拟电路图分别如图 17-2 和图 17-3 所示。

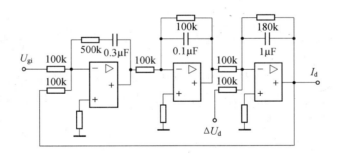

图 17-2　按典型 I 型系统设计时电流环模拟电路图

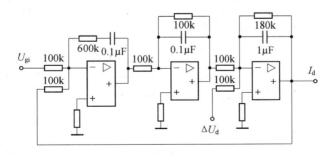

图 17-3　按典型 II 型系统设计时电流环模拟电路图

其阶跃输入响应及抗扰性能的实验波形分别如图 17-4(a)，(b)，(c)，(d)所示。

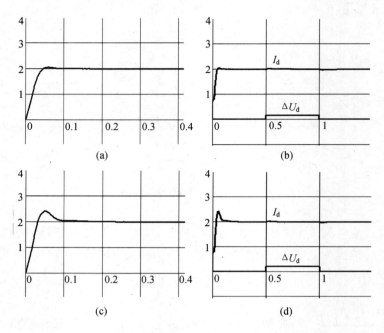

图 17-4   电流环实验波形

(a) 典型Ⅰ型电流环阶跃响应；(b) 典型Ⅰ型电流环抗扰性能；(c) 典型Ⅱ型电流环阶跃响应；

(d) 典型Ⅱ型电流环抗扰性能。

本例中，调节对象的 $T_1/T_{\Sigma I} > 10$，电流环可设计成典型Ⅱ型系统，抗扰性能较好。

3. 转速环设计

图 17-5 所示为双闭环系统动态结构图，其中各环节均用模拟实验箱上的运放及电阻电容搭建。为达到稳态无静差，转速环按典型Ⅱ型系统设计，转速调节器采用 PI 调节器，转速调节器的传递函数为 $\dfrac{7.84(0.1s+1)}{0.1s}$。

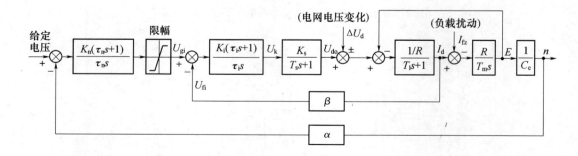

图 17-5   双闭环调速系统动态结构图

图 17-6 为转速、电流对闭环系统模拟电路图，图 17-7 为转速、电流双闭环系统的实验波形。

170

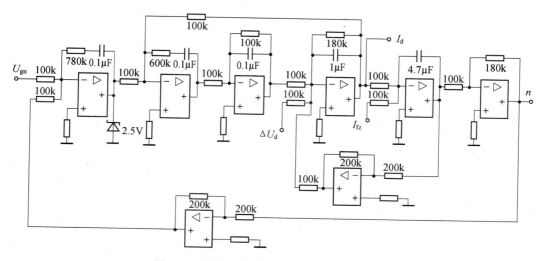

图 17-6　转速、电流双闭环系统模拟电路图

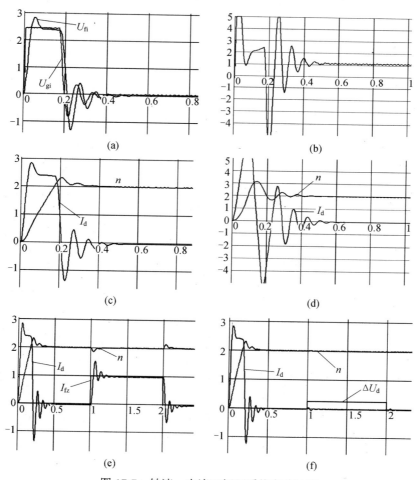

图 17-7　转速、电流双闭环系统实验波形

(a) U_{gi} 和 U_{fi}；(b) U_k；(c) 转速调节器输出有限幅时起动过程转速和电流波形；

(d) 转速调节器输出无限幅时起动过程转速和电流波形；

(e) 负载变化对转速的影响；(f) 电网电压波动对转速及电流的影响。

4．参数调整

调整转速和电流调节器的参数则系统性能也将发生相应的变化，对此可进行对比讨论分析。图 17-8 为另一组调节器参数，转速调节器传函为 $\dfrac{3.6(0.36s+1)}{0.36s}$，电流调节器传递函数为 $\dfrac{1(0.47s+1)}{0.47s}$ 时的系统实验波形。

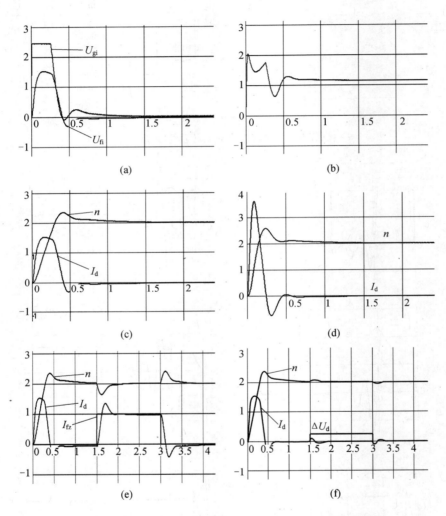

图 17-8　另一组控制参数转速、电流双闭环系统实验波形

(a) U_{gi} 和 U_{fi}；(b) U_k；(c) 转速调节器输出有限幅时起动过程转速电流波形；

(d) 转速调节器输出无限幅时起动过程转速电流波形；(e) 负载变化对转速的影响；

(f) 电网电压波动对转速及电流的影响。

5．控制方案的改进

在完成了以上实验的基础上，可尝试各种其他的控制方案，如在转速调节器上引入转速微分负反馈，可以抑制甚至消灭转速超调，同时可降低动态速降，由于纯微分容易引入干扰，实际反馈校正采用的是近似微分电路，这样的转速调节器如图 17-9 所示。试推导转速调节器的传递函数并确定相应的电阻电容的值，将改进后的实验结果与原方案的实验结果进行对比分析。

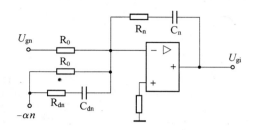

图 17-9　加入微分负反馈的速度调节器

三、基于 MATLAB/Simulink 仿真的双闭环直流调速系统课程设计

1. 系统参数与设计

系统参数与设计要求同上节。

2. 电流调节器设计

按典型 I 型和 II 型系统设计的电流环结构图分别如图 17-10 和图 17-11 所示。

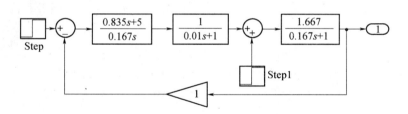

图 17-10　按典型 I 型系统设计的电流环动态结构图

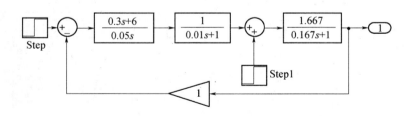

图 17-11　按典型 II 型系统设计的电流环动态结构图

将 Simulink 模块保存在 MATLAB 安装路径下的 work 文件夹中，在 MATLAB 命令行方式下输入：

```
[t,x,y]=sim('模块文件名',2);
plot(t,y);
grid on
```

即可以得到相应的输出波形。也可将模块中的输出端子 Out 改为示波器 Scope，然后启动仿真运行直接观察输出结果(图 17-12)。

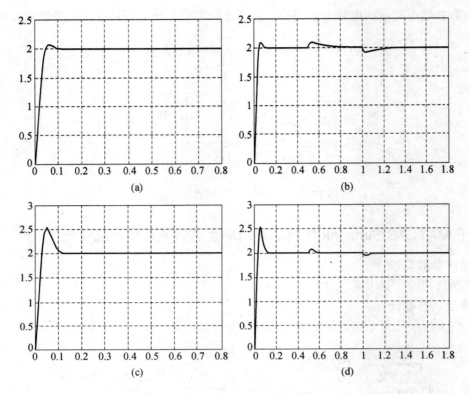

图 17-12　电流环仿真实验波形

(a) 典型Ⅰ型电流环阶跃响应；(b) 典型Ⅰ型电流环动态抗扰性能；

(c) 典型Ⅱ型电流环阶跃响应；(d) 典型Ⅱ型电流环动态抗扰性能。

3. 转速调节器设计

在 Simulink 环境下建立双闭环系统模块如图 17-13 所示。

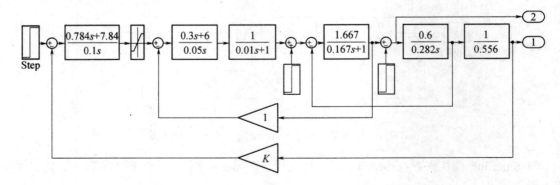

图 17-13　双闭环系统动态结构图

将 Simulink 模块保存在 MATLAB 安装路径下的 work 文件夹中，在 MATLAB 命令行方式下输入：

```
[t,x,y]=sim('模块文件名',1);
plot(t,y(:,1),'r',t,y(:,2),'b');
```

```
grid on
```

即可以得到 n 和 I_d 输出波形。也可将模块中的输出端子 Out 改为示波器 Scope，然后启动仿真运行直接观察输出结果。

用同样的方法，参考上一节模拟电路仿真实验中图 17-7 的实验结果，求取各参数的仿真实验结果。

4. 转速、电流调节器取不同参数时系统输出波形的对比

在 Simulink 环境下建立双闭环系统模块如图 17-14 所示。

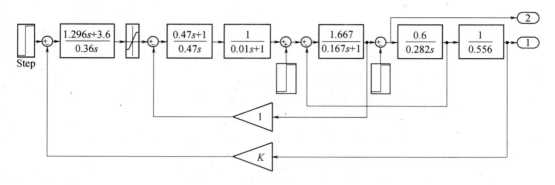

图 17-14　转速电流调节器取另一组参数时双闭环系统动态结构图

参考上一节模拟电路仿真实验中图 17-8 的实验结果，求取各参数的仿真实验结果。

四、课程设计报告要求

(1) 根据设计指标要求设计调节器参数，分别用电路模拟和 Simulink 仿真两种方法对以下各项内容进行测试：

① 突加给定使 $n = 2 \mathrm{r/min}$。

② 突加负载($50\% I_{ed}$)。

③ 电网扰动($-10\% U_d$)。

分别观察记录以上几种情况下 n、I_d、U_{gi}、U_k 等的波形，并记录各量稳定运行时的数值。

④ 静特性测试,负载加至 $50\% I_{ed}$ 和 $100\% I_{ed}$，分别测试 $n = n_{ed}$ 和 $n = 40\% n_{ed}$ 的静特性 $n = f(I_d)$。

(2) 对相同的控制对象及调节器参数设计，两种实验方法得出的结果会略有不同,试分析原因。

(3) 调整转速调节器和电流调节器的 PID 参数，观察不同的控制律对系统性能的影响。

(4) 分析转速调节器输出限幅在系统启动过程中所起的作用,如取不同的限幅值会对系统性能有何影响。

(5) 分析转速调节器上引入微分负反馈后对系统性能的影响,为什么说带微分负反馈的转速调节器在结构上符合现代控制理论中的"全状态反馈最优控制"？

课程设计二　直线一级倒立摆控制系统课程设计

一、概述

　　倒立摆是从杂技顶杆、火箭发射、飞机着陆和双足步行机器人等自然不稳定系统中抽象而来的控制模型，是一个典型的非线性、强耦合、多变量和不稳定系统，为使倒立摆控制系统具有自平衡能力，需要加入控制算法进行闭环控制。

　　本课程设计的目的是以直线一级倒立摆为被控对象，完成以下设计任务：

　　(1) 建立直线一级倒立摆的线性化数学模型。

　　(2) 掌握用经典控制理论(如 PID 控制器)和现代控制理论(如状态反馈、最优控制)设计不同控制器的方法。

　　(3) 掌握 MATLAB 仿真软件的使用方法及控制系统的调试方法。

二、直线一级倒立摆系统建模

　　直线一级倒立摆的工作原理可简述为：用一种强有力的控制方法使小车以一定的规律来回运动，从而使摆杆在垂直平面内稳定下来。这样的系统就是倒立摆控制系统。从图 18-1 中可以看出，若小车不动，摆杆会由于重力倒下来，若在水平方向给小车一个力，则摆杆将受到一个力矩，这个力矩使摆杆朝与小车相反的方向运行，通过规律性地改变小车的受力方向使得摆杆在竖直方向上左右摆动，从而实现摆杆在竖直方向上的动态平衡。

　　为使系统的模型不致过于复杂，首先作如下假设：摆杆及小车都是刚性的，且摆杆为匀质刚体；小车的牵引机构与绳索之间无相对滑动，牵引绳无弹性；忽略摆杆转动时所受的摩擦力矩。

　　系统内部各参数定义如下：

M——小车质量；

m——摆杆质量；

b——小车摩擦系数；

l——摆杆转动轴心到杆质心的长度；

I——摆杆惯量；

F——加在小车上的力；

x——小车位置；

ϕ——摆杆与垂直向上方向的夹角；

θ——摆杆与垂直向下方向的夹角(考虑到摆杆初始位置为竖直向下)。

直线一级倒立摆为单输入、多输出系统。

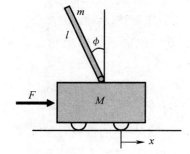

图 18-1　直线一级倒立摆的结构简图

1. 微分方程模型

图 18-2 为系统中小车和摆杆的受力分析图。图 18-2(a)中 N 和 P 为小车与摆杆相互作用力的水平和垂直方向的分量。在实际倒立摆系统中检测和执行装置的正负方向已经完全确定，因而矢量方向的定义如图 18-2 所示，图示方向为矢量正方向。

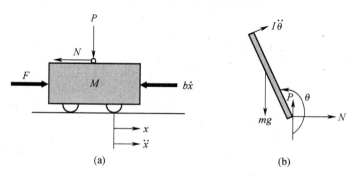

图 18-2 受力分析图

(a) 小车隔离受力图；(b) 摆杆隔离受力图。

根据牛顿第二定律，分析小车和摆杆在水平和垂直方向所受力和力矩，列写方程如下。
对小车水平方向所受合力进行分析，得到方程：

$$M\ddot{x} = F - b\dot{x} - N \tag{18-1}$$

对摆杆水平方向的受力进行分析可以得到方程：

$$N = m\frac{\mathrm{d}^2}{\mathrm{d}t^2}(x + l\sin\theta) \tag{18-2}$$

即

$$N = m\ddot{x} + ml\ddot{\theta}\cos\theta - ml\dot{\theta}^2\sin\theta \tag{18-3}$$

对摆杆垂直向上的合力进行分析，得到方程：

$$P - mg = m\frac{\mathrm{d}^2}{\mathrm{d}t^2}(l\cos\theta) \tag{18-4}$$

即

$$P - mg = -ml\ddot{\theta}\sin\theta - ml\dot{\theta}^2\cos\theta \tag{18-5}$$

力矩平衡方程为：

$$-Pl\sin\theta - Nl\cos\theta = I\ddot{\theta} \tag{18-6}$$

式(18-6)中，由于 $\theta = \pi + \Phi, \cos\Phi = -\cos\theta, \sin\Phi = -\sin\theta$，所以等式前面有负号。
联立式(18-1)、式(18-3)、式(18-5)、式(18-6)，约去 P 和 N，得到倒立摆的运动方程，见式(18-7)。

$$\begin{cases} (I + ml^2)\ddot{\theta} + mgl\sin\theta + ml\ddot{x}\cos\theta = 0 \\ (M + m)\ddot{x} + b\dot{x} + ml\ddot{\theta}\cos\theta - ml\dot{\theta}^2\sin\theta = F \end{cases} \tag{18-7}$$

设 $\theta = \pi + \phi$（ϕ 是摆杆与垂直向上方向之间的夹角），由于三角函数为非线性函数，对非线性模型目前还没有一般性的分析方法，故假设 ϕ 与 1(单位是弧度)相比很小，即 $\phi \ll 1$，对模型进行线性化处理，即认为

$$\cos\theta = -1, \sin\theta = -\phi, (\mathrm{d}\theta/\mathrm{d}t)^2 = 0$$

用u代表被控对象的输入力F，线性化后得到该系统的数学模型微分方程表达式：

$$\begin{cases} (I+ml^2)\ddot{\phi} - mgl\phi = ml\ddot{x} \\ (M+m)\ddot{x} + b\dot{x} - ml\ddot{\phi} = u \end{cases} \tag{18-8}$$

2. 传递函数模型

假设初始条件为0，对方程(18-8)进行拉普拉斯变换，得到：

$$\begin{cases} (I+ml^2)\phi(s)s^2 - mgl\phi(s) = mlX(s)s^2 \\ (M+m)X(s)s^2 + bX(s)s - ml\phi(s)s^2 = U(s) \end{cases} \tag{18-9}$$

由式(18-9)的第一个方程，可以得到以摆杆角度为输出量，以小车位移为输入量的传递函数：

$$\frac{\phi(s)}{X(s)} = \frac{mls^2}{(I+ml^2)s^2 - mgl} \tag{18-10}$$

将式(18-10)代入式(18-9)的第二个方程，可以得到以摆杆角度为输出量，以小车输入作用力u为输入量的传递函数为：

$$\frac{\phi(s)}{U(s)} = \frac{\dfrac{ml}{q}s^2}{s^4 + \dfrac{b(I+ml^2)}{q}s^3 - \dfrac{(M+m)mgl}{q}s^2 - \dfrac{bmgl}{q}s} \tag{18-11}$$

其中

$$q = \left[(M+m)(I+ml^2) - (ml)^2\right]$$

3. 状态空间方程模型

系统状态空间方程为

$$\begin{cases} \dot{x} = Ax + Bu \\ y = CX + Du \end{cases}$$

设系统状态变量分别为：小车位置x，小车速度$\dot{x}$，摆杆的角位置ϕ，摆杆的角速度$\dot{\phi}$。则由方程组(18-8)可得到式(18-12)。

$$\begin{cases} \dot{x} = \dot{x} \\ \ddot{x} = \dfrac{-(I+ml^2)b}{I(M+m)+Mml^2}\dot{x} + \dfrac{m^2gl^2}{I(M+m)+Mml^2}\phi + \dfrac{(I+ml^2)}{I(M+m)+Mml^2}u \\ \dot{\phi} = \dot{\phi} \\ \ddot{\phi} = \dfrac{-mlb}{I(M+m)+Mml^2}\dot{x} + \dfrac{mgl(M+m)}{I(M+m)+Mml^2}\phi + \dfrac{ml}{I(M+m)+Mml^2}u \end{cases} \tag{18-12}$$

整理后得到系统的状态空间方程为：

178

$$\begin{cases} \begin{bmatrix} \dot{x} \\ \ddot{x} \\ \dot{\phi} \\ \ddot{\phi} \end{bmatrix} = \begin{bmatrix} 0 & 1 & 0 & 0 \\ 0 & \dfrac{-(I+ml^2)b}{I(M+m)+Mml^2} & \dfrac{m^2gl^2}{I(M+m)+Mml^2} & 0 \\ 0 & 0 & 0 & 1 \\ 0 & \dfrac{-mlb}{I(M+m)+Mml^2} & \dfrac{mgl(M+m)}{I(M+m)+Mml^2} & 0 \end{bmatrix} \begin{bmatrix} x \\ \dot{x} \\ \phi \\ \dot{\phi} \end{bmatrix} + \begin{bmatrix} 0 \\ \dfrac{I+ml^2}{I(M+m)+Mml^2} \\ 0 \\ \dfrac{ml}{I(M+m)+Mml^2} \end{bmatrix} u \\[4pt] y = \begin{bmatrix} x \\ \phi \end{bmatrix} = \begin{bmatrix} 1 & 0 & 0 & 0 \\ 0 & 0 & 1 & 0 \end{bmatrix} \begin{bmatrix} x \\ \dot{x} \\ \phi \\ \dot{\phi} \end{bmatrix} + \begin{bmatrix} 0 \\ 0 \end{bmatrix} u \end{cases} \tag{18-13}$$

4．系统的物理参数

实际系统的模型参数如下：

M——小车质量：1.096kg；

m——摆杆质量：0.109kg；

b——小车摩擦系数：0.1N/(m·s^{-1})；

l——摆杆转动轴心到杆质心的长度：0.25m；

I——摆杆惯量：0.0034kg·m^2；

T——采样频率：0.005s。

将上述参数分别代入式(18-10)、式(18-11)、式(18-13)，可以得到系统的实际模型。

摆杆角度和小车位移之间的传递函数为：

$$\frac{\phi(s)}{X(s)} = \frac{0.02725s^2}{0.0102125s^2 - 0.26705} \tag{18-14}$$

摆杆角度和小车所受外界作用力之间的传递函数：

$$\frac{\phi(s)}{U(s)} = \frac{2.35655s^2}{s^4 + 0.0883167s^3 - 27.9169s^2 - 2.30942s} \tag{18-15}$$

系统的状态空间表达式为：

$$\begin{cases} \begin{bmatrix} \dot{x} \\ \ddot{x} \\ \dot{\phi} \\ \ddot{\phi} \end{bmatrix} = \begin{bmatrix} 0 & 1 & 0 & 0 \\ 0 & -0.0883167 & 0.0629317 & 0 \\ 0 & 0 & 0 & 1 \\ 0 & -0.235655 & 27.8285 & 0 \end{bmatrix} \begin{bmatrix} x \\ \dot{x} \\ \phi \\ \dot{\phi} \end{bmatrix} + \begin{bmatrix} 0 \\ 0.883167 \\ 0 \\ 2.35655 \end{bmatrix} u \\[4pt] y = \begin{bmatrix} x \\ \phi \end{bmatrix} = \begin{bmatrix} 1 & 0 & 0 & 0 \\ 0 & 0 & 1 & 0 \end{bmatrix} \begin{bmatrix} x \\ \dot{x} \\ \phi \\ \dot{\phi} \end{bmatrix} + \begin{bmatrix} 0 \\ 0 \end{bmatrix} u \end{cases} \tag{18-16}$$

三、经典控制器设计——PID 控制

PID 控制器因其结构简单，容易调节，且不需要对系统建立精确的模型，在控制上应用较广

PID 控制器的传递函数为：

$$G_{PID}(s) = K_D s + K_P + \frac{K_I}{s} = \frac{K_D s^2 + K_P s + K_I}{s} = \frac{num_{PID}}{den_{PID}} \qquad (18\text{-}17)$$

控制系统的结构方框图如图 18-3 所示，输出量为摆杆的角度，它的初始位置为垂直向上，该系统的参考输入 $R(s)=0$，给系统施加一个脉冲扰动，观察摆杆角度受到脉冲扰动后的响应。

根据式(18-14)，被控对象传递函数为摆杆角度和小车所受外界作用力之间的传递函数：

$$G(s) = \frac{\phi(s)}{U(s)} = \frac{2.35655 s^2}{s^4 + 0.0883167 s^3 - 27.9169 s^2 - 2.30942 s}$$

考虑到系统的参考输入 $R(s)=0$，系统变换后的结构图如图 18-4 所示，系统输出为：

$$Y(s) = \frac{G(s)}{1 + G_{PID}(s)G(s)} F(s) = \frac{\dfrac{num}{den}}{1 + \dfrac{(num_{PID})(num)}{(den_{PID})(den)}} F(s) = \frac{(num)(den_{PID})}{(den_{PID})(den) + (num_{PID})(num)} F(s)$$

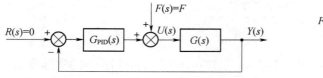

图 18-3 直线一级倒立摆 PID 控制方框图

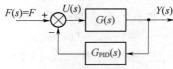

图 18-4 变换后的结构图

设计指标：设计 PID 控制器，使得当给系统施加单位脉冲扰动信号时，闭环系统的响应指标为：稳定调节时间小于 5s，稳态时摆杆与垂直方向的夹角变化小于 0.1rad。

直线一级倒立摆 PID 控制的 MATLAB 程序如下：

```
%摆杆角度 PID 控制
close all
clear all
%设定系统参数
 M=1.096;
 m=0.109;
 b=0.1;
 l=0.25;
 I=0.0034;
 g=9.8;
 q=(M+m)*(I+m*l^2)-(m*l)^2;
%输入倒立摆的传递函数
 num=[m*l/q  0  0];
 den=[1  b*(I+m*l^2)/q  -(M+m)*m*g*l/q  -b*m*g*l/q  0];
%计算并显示未校正系统的极点
```

```matlab
[r,p,k]=residue(num,den);
disp('The poles are:');
p
%设定PID参数
kp=40;
ki=1;
kd=10;
numPID=[kd kp ki];
denPID=[1 0];
%计算经过PID校正后的闭环传递函数
numc=conv(num,denPID);
denc=polyadd(conv(den,denPID),conv(num,numPID));
%计算并显示校正后系统的极点
[Rc,Pc,Kc]=residue(numc,denc);
disp('The poles are:');
Pc
%仿真原系统在干扰脉冲下的输出曲线图和经过PID调整后的输出曲线图
t=0:0.005:5;
yc=impulse(numc,denc,t);
plot(t,yc);
grid on
title('mpulse Response');
xlabel('Time-sec');
ylabel('Amplitude');
```

文件中用到的求两个多项式之和的函数 polyadd，它不是 MATLAB 工具，因此必须把它拷贝到 polyadd.m 文件中并且把该文件保存到 MATLAB 安装路径下的 work 目录下，polyadd.m 文件如下：

```matlab
%求两个多项式之和
function[poly]=polyadd(poly1,poly2)
if length(poly1)<length(poly2)
    short=poly1;
    long=poly2;
else
    short=poly2;
    long=poly1;
end
mz=length(long)-length(short);
if mz>0
    poly=[zeros(1,mz),short]+long;
else
```

```
    poly=long+short;
end
```
运行程序，得到未校正系统闭环极点为
```
p =
  -5.2780
   5.2727
  -0.0830
        0
```
系统有位于 s 平面右半部的极点，可见是不稳定的。
校正后系统闭环极点为
```
Pc =
 -20.3969
  -3.2562
  -0.0002
  -0.0002
  -0.0002
```
校正后系统闭环极点均位于 s 平面左半部，系统稳定。

校正后倒立摆的单位脉冲响应曲线如图 18-5 所示，且系统响应满足指标要求。

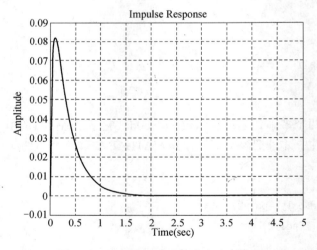

图 18-5　PID 校正后系统脉冲响应曲线

改变 K_p、K_i、K_d 的数值，可以得到不同控制效果的仿真结果。

　　注意：应当指出，由于 PID 控制器为单输入单输出系统，所以只能控制摆杆的角度，并不能控制小车的位置，所以小车会往一个方向运动。

四、现代控制理论——状态反馈控制

　　上一节系统输入的是脉冲量，在设计控制器时，只对摆杆角度进行控制，而不考虑小车位移。然而，对一个倒立摆系统来说，把它作为单输出系统是不符合实际的，如果把系统当作多输出系统的话，就比较适合采用状态空间分析方法，下面用极点配置的方法设计状态反馈控制器，对摆杆角度和小车位移同时进行控制，这种方法可将多变量系统的闭环系统的特征根(极点)配置在期望的位置上，从而使系统满足所需的瞬态和稳态性能指标。

根据式(18-16)，系统状态方程为：

$$\begin{bmatrix} \dot{x} \\ \ddot{x} \\ \dot{\phi} \\ \ddot{\phi} \end{bmatrix} = \begin{bmatrix} 0 & 1 & 0 & 0 \\ 0 & -0.0883167 & 0.0629317 & 0 \\ 0 & 0 & 0 & 1 \\ 0 & -0.235655 & 27.8285 & 0 \end{bmatrix} \begin{bmatrix} x \\ \dot{x} \\ \phi \\ \dot{\phi} \end{bmatrix} + \begin{bmatrix} 0 \\ 0.883167 \\ 0 \\ 2.35655 \end{bmatrix} u$$

$$y = \begin{bmatrix} x \\ \phi \end{bmatrix} = \begin{bmatrix} 1 & 0 & 0 & 0 \\ 0 & 0 & 1 & 0 \end{bmatrix} \begin{bmatrix} x \\ \dot{x} \\ \phi \\ \dot{\phi} \end{bmatrix} + \begin{bmatrix} 0 \\ 0 \end{bmatrix} u$$

控制系统结构图如图 18-6 所示。

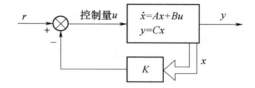

图 18-6　控制系统方框图

设计要求：当参考输入r为幅值为0.2的阶跃信号时，闭环系统的响应指标为：摆杆角度ϕ和小车位移x的调节时间小于5s，x的上升时间小于1s，ϕ的超调量小于0.35rad，小车到达新的命令位置，稳态误差小于2%。

选取期望的闭环极点分别为：

$$s_1 = -2 + 2\sqrt{3}\mathrm{j}, s_2 = -2 - 2\sqrt{3}\mathrm{j}, s_3 = -10 + 0.0001\mathrm{j}, s_4 = -10 - 0.0001\mathrm{j}$$

已知系统各状态均可测量，判断系统的能控性，然后采用 MATLAB 极点配置函数来计算反馈增益矩阵。

```
%设定系统参数
M=1.096;
 m=0.109;
 b=0.1;
 l=0.25;
 I=0.0034;
 g=9.8;
 q=(M+m)*I+M*m*l^2;
%计算并显示状态方程
A=[0 1 0 0;0 -(I+m*l^2)*b/q  (m*l)^2*g/q    0;
    0 0 0 1;0 -m*l*b/q         m*g*l*(M+m)/q  0];
 B=[0 (I+m*l^2)/q   0   m*l/q]';
```

```matlab
C=[1 0 0 0;0 0 1 0];
D=[0;0];
disp('The State Matrix of system are:');
A
B
C
D
%计算并显示矩阵A的特征值
[X,P]=eig(A);
disp('The characteristic values of matrix A are:');
P
Uc=ctrb(A,B);%能控性判定
Vo=obsv(A,C);%能观性判定
m=rank(Uc);
p=rank(Vo);
if m==4
    disp('The system can be totally controlled');
else
    disp('The system can not be totally controlled');
    disp('The rank of Uc is:');
    m
end
if p==4
    disp('The system can be totally observed');
else
    disp('The system can not be totally observed');
    disp('The rank of Vo is:');
    p
end
%系统的期望闭环极点
p1=-2+2*sqrt(3)*i;
p2=-2-2*sqrt(3)*i;
p3=-10+0.0001*i;
p4=-10-0.0001*i;
P=[p1 p2 p3 p4];
K=place(A,B,P);
disp('K is:');
K
%绘制阶跃响应曲线
t=0:0.005:5;
```

184

```
r=0.2*ones(size(t));
[Y,X]=lsim((A-B*K),B,C,D,u,t);
plot(t,X(:,1),'r-'); hold on;
plot(t,X(:,2),'b-.'); hold on;
plot(t,X(:,3),'k.'); hold on;
plot(t,X(:,4),'g-');
legend('CartPos','CartSpd','PendAng','PendSpd')
title('Step Response');
xlabel('Time-sec');
ylabel('Amplitude');
grid on
U=r-K*X';
Y=C*X';
figure
plot(t,U)     %显示U
grid on
gtext('U')
figure
plot(t,Y)     %显示Y
grid on
gtext('Y')
```

程序运行结果：

原系统状态方程矩阵 A 的特征值为[0　−0.0830　−5.2780　5.2727]，有一个特征值的实部是正值，所以该系统是不稳定的。

原系统能控，可以采用极点配置的方法设计状态反馈控制器且系统各状态均可测量。

反馈系数矩阵　　　K=[−69.2814　−31.2766　120.9460　21.8685]

系统状态反馈阶跃响应如图 18-7 所示，控制量 u 如图 18-8 所示。

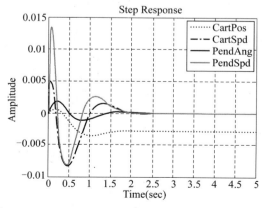

图 18-7　直线一级倒立摆状态反馈控制
阶跃响应曲线(增益补偿前)

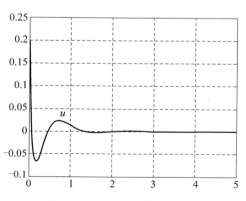

图 18-8　控制量 u(增益补偿前)

此时小车位置并没有跟踪输入信号，这是因为在设计的过程中，是把输出信号反馈回来乘以一个系数矩阵 K，然后与输入量相减得到控制信号，这就使得输入与反馈的量纲不一致，为了使输入与反馈的量纲相匹配，要对输入进行增益调节(图 18-9)。

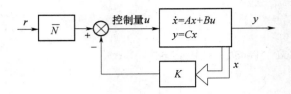

图 18-9　控制系统方框图

```
Ac=[A-B*K];
Bc=[B];
Cc=[C];
Dc=[D];
Cn=[1 0 0 0];
s=size(A,1);
Z=[zeros([1,s]) 1];
N=inv([A,B;Cn,0])*Z';
Nx=N(1:s);
Nu=N(1+s);
Nbar=Nu+K*Nx
Bcn=[Nbar*B];
t=0:0.005:5;
r=0.2*ones(size(t));
[Y,X]=lsim(Ac,Bcn,Cc,Dc,r,t);
figure
plot(t,X(:,1),'r-');hold on;
plot(t,X(:,2),'b-.');hold on;
plot(t,X(:,3),'k.');hold on;
plot(t,X(:,4),'g-');
legend('CartPos','CartSpd','PendAng','PendSpd')
title('Step Response');
xlabel('Time-sec');
ylabel('Amplitude');
grid on
U=r-K*X';
Y=C*X';
figure
plot(t,U)
grid on
```

```
gtext('U')
figure
plot(t,Y)
grid on
gtext('Y')
```

其中 N_{bar}= -69.2814，可见，实际上 N_{bar} 和 K 向量中与小车位置 x 对应的那一项相等。

此时系统的响应曲线如图 18-10 所示，小车位置跟踪输入信号，摆杆超调足够小，稳态误差满足要求，上升时间和调节时间也符合设计指标，控制量 u 如图 18-11 所示。

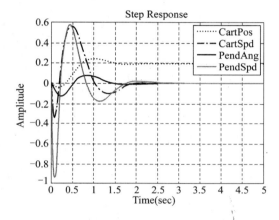

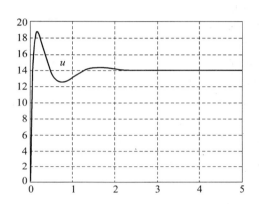

图 18-10　直线一级倒立摆状态反馈控制
阶跃响应曲线(增益补偿后)

图 18-11　控制量 u(增益补偿后)

五、最优控制理论——LQR 控制器设计

在现代控制理论中，常用的控制方法之一是线性二次型性能指标最优控制(LQR控制)，通过本课程设计，学习掌握LQR控制器的设计方法，了解 Q、R 参数对系统性能指标的影响。

系统状态空间表达式如式(18-16)所示，另依以上分析系统是能控的，可以满足应用最优控制的前提条件且已知系统各状态均可测量。

设计要求：当参考输入 r 为幅值为0.2的阶跃信号时，闭环系统的响应指标为：摆杆角度 ϕ 和小车位移 x 的调节时间小于5s，x 的上升时间小于1s，ϕ 的超调量小于0.35rad，小车到达新的命令位置，稳态误差小于2%。

在运用线性二次型最优控制算法进行控制器设计时，一个关键问题就是二次型性能指标泛函中加权矩阵 Q 和 R 的选取，不同的加权矩阵会使最优控制系统具有不同的动态性能，为了简化问题而且使加权矩阵具有比较明确的物理意义，在这里将 Q 取为对角阵。

假设
$$Q = \begin{bmatrix} Q_{11} & 0 & 0 & 0 \\ 0 & Q_{22} & 0 & 0 \\ 0 & 0 & Q_{33} & 0 \\ 0 & 0 & 0 & Q_{44} \end{bmatrix}; R = [r]$$

则性能指标泛函为
$$J = \int_0^\infty \left[Q_{11}x_1^2 + Q_{22}x_2^2 + Q_{33}x_3^2 + Q_{44}x_4^2 + ru^2 \right] dt$$

考虑到一级倒立摆系统在运行过程中，主要的被控量为系统的输出量 x 和 ϕ，因此在选取加权对角阵 Q 的各元素时，由于 Q_{11} 代表小车位置的权重，而 Q_{33} 是摆杆角度的权重，所以只选取 Q_{11} 和 Q_{33}，而 $Q_{22} = Q_{44} = 0$。Q 矩阵中，Q_{11} 和 Q_{33} 分别代表系统对小车位置 x 和摆杆角度 ϕ 的敏感程度，在实际系统允许的情况下，增加 Q_{11} 和 Q_{33} 将改善系统性能，使稳定时间和上升时间变短，并且使摆杆的角度变化减小。

系统对输入的敏感程度由加权矩阵 R 表示，R 的减小，会导致控制能量加大，应注意控制 u 的大小，不要超过系统执行机构的能力，使之进入饱和非线性状态。

直线一级倒立摆LQR控制的MATLAB程序如下：

```
close all
clear all
%倒立摆的相关参数
M=1.096;
m=0.109;
b=0.1;
l=0.25;
I=0.0034;
g=9.8;
q=(M+m)*I+M*m*l^2;
%计算并显示状态方程
 A=[0 1 0 0;0 -(I+m*l^2)*b/q  (m*l)^2*g/q    0;
    0 0 0 1;0 -m*l*b/q      m*g*l*(M+m)/q  0];
 B=[0  (I+m*l^2)/q   0   m*l/q]';
 C=[1 0 0 0;0 0 1 0];
 D=[0;0];
   %Q和R的选择
 x=4000;
 y=100;
 Q=[x 0 0 0;0 0 0 0;0 0 y 0;0 0 0 0];
 R=1;
 %求向量K
 K=lqr(A,B,Q,R);
 disp('Display K:');
 K
   %计算LQR控制的矩阵
Ac = [(A-B*K)];
Bc = [B];
Cc = [C];
Dc = [D];
%显示经过LQR控制的阶跃响应曲线
```

```
t=0:0.005:5;
r=0.2*ones(size(t));
 [Y,X]=lsim(Ac,Bc,Cc,Dc,r,t);
plot(t,X(:,1),'r-');hold on;
plot(t,X(:,2),'b-.');hold on;
plot(t,X(:,3),'k.');hold on;
plot(t,X(:,4),'g-')
legend('CartPos','CartSpd','PendAng','PendSpd')
title('Step Response');
xlabel('Time-sec');
ylabel('Amplitude');
grid on
U=r-K*X';
Y=C*X';
figure
plot(t,U)
grid on
gtext('U')
figure
plot(t,Y)
grid on
gtext('Y')
```

程序运行结果：

反馈系数矩阵：

K= -63.2456 -37.0566 117.6238   22.7784

系统 LQR 最优控制阶跃响应如图 18-12 所示。

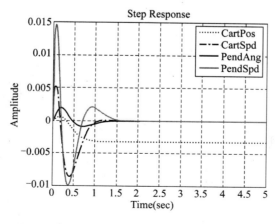

图 18-12　直线一级倒立摆 LQR 最优控制阶跃响应曲线(增益补偿前)

按照与上一节同样的方法进行增益补偿后，得到的阶跃响应曲线如图 18-13 所示，可见各项性能指标达到了设计要求。

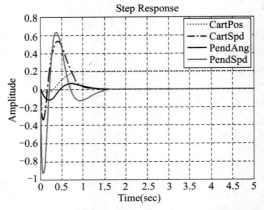

图 18-13   直线一级倒立摆 LQR 最优控制阶跃响应曲线(增益补偿后)

六、课程设计报告要求

(1) 写出直线一级倒立摆控制系统的传递函数及状态空间表达式。

(2) 调整 PID 控制算法中的控制器参数，观察不同的控制律对系统性能的影响。

(3) 重新选定期望的闭环极点的位置，利用极点配置法进行状态反馈控制器设计及仿真，观察不同闭环极点位置对控制系统性能的影响并加以分析总结。

(4) 调整 Q 矩阵的参数值，进行仿真，并观察 Q 矩阵对控制系统性能的影响并加以分析总结。

(5) 对于极点配置状态反馈和线性二次型性能指标最优控制两种控制器设计方法，分析它们有何相同之处，又各自有什么特点？

参 考 文 献

[1] 胡寿松. 自动控制原理. 北京：科学出版社，2007.

[2] 陈伯时. 电力拖动自动控制系统. 北京：机械工业出版社，2007.

[3] 孙增圻. 计算机控制理论与应用. 北京：清华大学出版社，2008.

[4] 王划一，等. 现代控制理论基础. 北京：国防工业出版社，2006.

[5] 欧阳黎明. MATLAB 控制系统设计. 北京：国防工业出版社，2001.

[6] 李宜达. 控制系统设计与仿真. 北京：清华大学出版社，2004.

[7] 张若青，等. 控制工程基础及 MATLAB 实践. 北京：高等教育出版社，2008.

[8] 张静，等. MATLAB 在控制系统中的应用. 北京：电子工业出版社，2007.

[9] 程鹏，等. 自动控制原理学习辅导与习题解答. 北京：高等教育出版社，2004.

[10] 孟浩，等. 自动控制原理全程辅导. 大连：辽宁师范大学出版社，2004.

[11] 王晓燕，等. 自动控制理论实验与仿真. 广州：华南理工大学出版社，2006.

[12] 王丹力，等. MATLAB 控制系统设计仿真应用. 北京：中国电力出版社，2007.

[13] 楼顺天，等. 基于 MATLAB 的系统分析与设计. 西安：西安电子科技大学出版社，2000.

[14] 程鹏. 自动控制原理实验教程. 北京：清华大学出版社，2008.

[15] 李秋红，等. 自动控制原理实验指导. 北京：国防工业出版社，2007.

[16] 杨平. 自动控制原理实验与实践. 北京：中国电力出版社，2005.

[17] 陈今润. 自动控制原理及系统实验. 重庆：重庆大学出版社，2005.

[18] 彭学峰，等. 自动控制原理实践教程. 北京：中国水利水电出版社，2006.

[19] 刘金锟. 先进 PID 控制及其 MATLAB 仿真. 北京：电子工业出版社，2003.

[20] 赵长德，等. 控制工程基础实验指导. 北京：清华大学出版社，2007.